职业技能等级认定培训教材

咖啡师

（初级 中级 高级）

编审委员会

主　任：曾　艳

副主任：李　宏　童　晓

委　员：许正宏　刘海峰　刘　杰　彭海明　刘　丽　祁正有
　　　　王晶辉　陈舰飞　张林鸿　徐明发　郎彬昆

本书编审人员

主　编：罗正刚　陈云兰

副主编：陈　保　廖海鹰

编　者：刘新月　桂　花　杨瑞娟　吴树春　王桥美　金红芳
　　　　徐晓庆　张荣懋　袁烽皓

主　审：李学俊

中国劳动社会保障出版社

图书在版编目（CIP）数据

咖啡师：初级 中级 高级 / 普洱市检验检测院，国家市场监督管理总局技术创新中心（咖啡质量基础与产业服务）组织编写. -- 北京：中国劳动社会保障出版社，2025. --（职业技能等级认定培训教材）. -- ISBN 978-7-5167-6884-6

Ⅰ．TS273.4

中国国家版本馆 CIP 数据核字第 2025JC3590 号

中国劳动社会保障出版社出版发行

（北京市惠新东街 1 号 邮政编码：100029）

*

保定市中画美凯印刷有限公司印刷装订　　新华书店经销

787 毫米 ×1092 毫米　16 开本　19.5 印张　330 千字
2025 年 3 月第 1 版　　2025 年 3 月第 1 次印刷
定价：69.00 元

营销中心电话：400-606-6496
出版社网址：https://www.class.com.cn

版权专有　　侵权必究

如有印装差错，请与本社联系调换：（010）81211666
我社将与版权执法机关配合，大力打击盗印、销售和使用盗版图书活动，敬请广大读者协助举报，经查实将给予举报者奖励。
举报电话：（010）64954652

前　言

《云南省"十四五"打造世界一流"绿色食品牌"发展规划》提出："到2025年，全省咖啡种植面积稳定在150万亩左右，咖啡生豆产量稳定在15万吨以上，其中精品咖啡比重达到20%以上，实现产业综合产值达600亿元以上。"人才培养是实现规划目标非常重要的支撑之一，目前咖啡师的相关培训主要依据《咖啡师国家职业技能标准》及咖啡师国家基本职业培训包（指南包　课程包）的内容来进行，但没有统一的教材，造成不同的培训教师对同一内容进行教学时出现解读不一致的情况，在此背景下编写一套科学实用的咖啡师职业技能等级认定培训教材尤为重要。

本套教材由普洱市检验检测院／国家市场监督管理总局技术创新中心（咖啡质量基础与产业服务）组织编写，内容严格参照咖啡师国家职业技能标准的要求，并结合合产区特点，在种植、加工、食品安全、标准体系等方面进行了一定的拓展。本套教材分为《咖啡师（基础知识）》（下文简称"基础知识分册"）和《咖啡师（初级　中级　高级）》（下文简称"操作技能分册"）两本。基础知识分册主要内容包括职业认知与职业道德、咖啡基础知识、咖啡初加工、精深加工、咖啡礼仪、咖啡创新和经营管理、食品安全与法律等部分；操作技能分册主要内容包括初、中、高三个级别咖啡师应掌握的理论知识和操作技能。本系列教材的出版将填补咖啡师培训教材的空白，完善咖啡产业培训体系，推动咖啡从业人员技能水平的提升，助力"咖啡师"技能品牌打造。

操作技能分册由普洱市检验检测院罗正刚、云南农业大学陈云兰任主编；普洱市检验检测院陈保、云南农业大学廖海鹰任副主编；普洱市人力资源和社会保障局吴树春，普洱市检验检测院刘新月、金红芳、袁烽皓，云南农业大学桂花、王桥美、杨瑞娟、徐晓庆，思茅区慢结构咖啡经营部张荣懋参与编写；云南农业大学李学俊主审。

本套教材的编写得到了普洱市人力资源和社会保障局、云南农业大学热带作物学院的指导和支持，也吸取了咖啡爱好者和相关企业的建议和意见，在此致以诚挚的谢意。并呈请广大读者及咖农、咖企对本书的不足之处提出宝贵意见。

国家市场监督管理总局技术创新中心（咖啡质量基础与产业服务）

目 录 CONTENTS

第一部分　初级咖啡师技能

模块 1　咖啡种植管理

课程 1　咖啡栽培 ······ 3
　任务 1　咖啡育苗 ······ 3
　任务 2　咖啡种植园的建立 ······ 8
　任务 3　咖啡树的整形修剪 ······ 11
　任务 4　咖啡园施肥管理 ······ 15

课程 2　咖啡病虫害识别与防治 ······ 19
　任务 1　咖啡树病害识别与防治 ······ 20
　任务 2　咖啡树虫害识别与防治 ······ 25

模块 2　咖啡初加工

课程 1　咖啡鲜果采收与加工 ······ 32
　任务 1　咖啡鲜果采收 ······ 32
　任务 2　咖啡湿法加工 ······ 35
　任务 3　咖啡干法加工 ······ 39
　任务 4　咖啡半湿法加工 ······ 40
　任务 5　咖啡鲜果加工创新应用 ······ 41

课程 2　咖啡豆脱壳 ······ 43
　任务　咖啡豆脱壳加工 ······ 43

模块 3　咖啡制作与设备清洁

课程 1　咖啡制作准备 ······ 46
　任务 1　辨别咖啡熟豆 ······ 46

任务2　咖啡研磨 ··· 51

课程2　器具制作咖啡 ··· 63
　　任务1　手冲壶冲煮咖啡 ······································ 63
　　任务2　虹吸壶冲煮咖啡 ······································ 72
　　任务3　爱乐压冲煮咖啡 ······································ 78
　　任务4　摩卡壶冲煮咖啡 ······································ 84
　　任务5　越南壶冲煮咖啡 ······································ 89
　　任务6　土耳其壶冲煮咖啡 ···································· 93
　　任务7　法压壶冲煮咖啡 ······································ 96
　　任务8　皇家比利时壶冲煮咖啡 ································ 100

课程3　压力式咖啡机制作咖啡 ····································· 104
　　任务1　半自动咖啡机制作咖啡 ································ 104
　　任务2　全自动咖啡机制作咖啡 ································ 119

课程4　咖啡器具清洁与消毒 ······································· 124
　　任务1　咖啡杯具清洁 ·· 124
　　任务2　咖啡杯具消毒 ·· 127

课程5　咖啡设备清洁与维护 ······································· 128
　　任务1　咖啡研磨机清洁 ······································ 129
　　任务2　半自动咖啡机清洁与维护 ······························ 130

模块4　咖啡服务

课程1　咖啡店营业准备 ··· 136
　　任务1　器具及辅料准备 ······································ 136
　　任务2　咖啡师个人准备 ······································ 138

课程2　咖啡接待服务 ··· 140
　　任务1　咖啡迎送服务 ·· 140
　　任务2　咖啡呈送服务 ·· 142
　　任务3　收银服务 ·· 147

课程3　咖啡店营业结束及区域清洁 ································· 150
　　任务1　结束营业流程 ·· 150

任务 2　营业区域日常清洁 …………………………………… 152

第二部分　中级咖啡师技能

模块 5　咖啡推介与制作展示

课程 1　咖啡产品推介 ………………………………………… 157
　　任务 1　咖啡饮品推介 ……………………………………… 157
　　任务 2　咖啡与轻食搭配推介 ……………………………… 159
课程 2　咖啡制作展示 ………………………………………… 161
　　任务 1　冲煮咖啡技艺展示及风味介绍 …………………… 161
　　任务 2　意式浓缩咖啡技艺展示及风味介绍 ……………… 166

模块 6　咖啡制作与冲煮方案设计

课程 1　咖啡用水与辅料选取 ………………………………… 172
　　任务 1　咖啡用水检测 ……………………………………… 172
　　任务 2　咖啡辅料选取与奶油制作 ………………………… 175
课程 2　咖啡制作与萃取方案设计 …………………………… 181
　　任务 1　冲煮咖啡方案设计与操作 ………………………… 181
　　任务 2　意式浓缩咖啡制作方案设计与操作 ……………… 184
课程 3　意式浓缩咖啡与牛奶融合 …………………………… 187
　　任务 1　牛奶奶泡（沫）制作 ……………………………… 188
　　任务 2　咖啡拉花流程与要点 ……………………………… 192
课程 4　经典花式咖啡制作 …………………………………… 198
　　任务 1　卡布奇诺咖啡制作 ………………………………… 198
　　任务 2　皇家咖啡制作 ……………………………………… 200
　　任务 3　爱尔兰咖啡制作 …………………………………… 203
　　任务 4　摩卡咖啡制作 ……………………………………… 206
　　任务 5　焦糖玛奇朵咖啡制作 ……………………………… 208
　　任务 6　拿铁咖啡制作 ……………………………………… 211

任务 7　康宝蓝咖啡制作 ··· 213

　　任务 8　冰美式咖啡制作 ··· 215

模块 7　吧台设备维护与管理

课程 1　吧台设备维护 ·· 218

　　任务 1　咖啡机故障排查与维护 ··· 218

　　任务 2　咖啡研磨机故障排查与维护 ·· 221

　　任务 3　水过滤净化装置清洁与维护 ·· 223

　　任务 4　制冰机故障排查与维护 ··· 225

课程 2　吧台管理 ·· 228

　　任务 1　咖啡饮品出品管理 ·· 228

　　任务 2　吧台库存盘点 ··· 230

第三部分　高级咖啡师技能

模块 8　咖啡拉花与咖啡萃取调整

课程 1　咖啡拉花 ·· 235

　　任务 1　牛奶奶泡（沫）质量分析及调整 ······································ 235

　　任务 2　组合型咖啡拉花图案制作 ·· 241

课程 2　咖啡浓度与萃取率调整 ··· 245

　　任务 1　咖啡浓度和萃取率分析 ··· 245

　　任务 2　冲煮咖啡浓度和萃取率调整 ·· 248

　　任务 3　意式浓缩咖啡浓度和萃取率调整 ······································· 251

模块 9　咖啡品鉴

课程 1　感官辨识 ·· 258

　　任务 1　咖啡香气辨识 ··· 258

　　任务 2　咖啡味道辨识 ··· 263

　　任务 3　口腔触觉辨识 ··· 267

课程 2　感官运用 ··· 269
　　任务 1　三大产区咖啡豆感官品质分析 ························· 269
　　任务 2　咖啡豆品鉴和采买 ·· 272

模块 10　咖啡豆辨别

课程 1　咖啡生豆分级及瑕疵辨别 ······································· 275
　　任务 1　咖啡生豆分级 ·· 275
　　任务 2　咖啡生豆瑕疵外观识别 ······································ 285
　　任务 3　咖啡瑕疵豆风味识别 ·· 290
课程 2　咖啡熟豆辨别与储存 ··· 293
　　任务 1　咖啡烘焙度辨别及萃取指导 ······························ 293
　　任务 2　三种处理方式咖啡熟豆辨别与萃取指导 ·········· 296
　　任务 3　咖啡熟豆包装与储存 ·· 299

第一部分
初级咖啡师技能

模块 1 咖啡种植管理

课程 1 咖啡栽培

咖啡树一般在高海拔、温暖潮湿的地区生长，如南美洲、非洲和亚洲的一些地区。咖啡种子在播种后 30~50 日开始发芽，适合发芽的温度为 25~30 ℃，通常苗株高 15 cm 以上、长出 5 对以上真叶时可以进行移栽，经过 2~3 年的栽培管理开始开花结果。

任务 1 咖啡育苗

一、操作准备

1. 工具

栽培铲、锄头、喷壶。

2. 材料

咖啡种子、咖啡催芽苗、营养土、苗床、营养袋、杀菌剂。

二、操作步骤

1. 咖啡播种催芽的步骤

准备催芽床→处理种子→播种→压平→盖沙→盖草→盖膜。

2. 咖啡播种催芽的方法

（1）准备催芽床。催芽床平地为南北走向，催芽床沙面宽 1 m，床高 10~

15 cm，床长 10 m，沙床间距 50 cm，面积视播种量而定。催芽床的沙可以取江（河）里洁净的中粗沙，将沙均匀地摊放在已做好的催芽床上，铺面平整，如图 1-1-1 所示。

图 1-1-1　咖啡催芽床

（2）处理种子。播种前用清水或始温为 45 ℃的温水或者 1% 硫酸铜溶液浸种 24 h，咖啡种子如图 1-1-2 所示。浸种时可加浓度为 0.3% 的硼砂溶液或 800 ~ 1 000 倍液的多菌灵溶液，并对沙床和盖草用 1% 的硫酸铜溶液进行喷洒消毒。

图 1-1-2　咖啡种子

（3）播种。将经处理过的种子均匀地点播（见图 1-1-3）或撒播（见图 1-1-4）在沙床上，以种子不重叠为原则，每平方米沙床播种 0.3 ~ 0.5 kg 种子为宜。

（4）压平。种子撒播好后，用木板将种子压入沙中，并保持沙床为水平平整状态，如图 1-1-5 所示。点播的种子不需用木板压入沙中。

图 1-1-3　点播咖啡种子

图 1-1-4　撒播咖啡种子

图 1-1-5　压平咖啡种子

（5）盖沙。种子播好后，将河沙盖在种子上，厚度以 1～2 cm 为宜，要求沙面平整均匀，不宜过厚或过薄。

（6）盖草。盖好沙后，用稻草或茅草将沙床进行覆盖，厚度为 3～5 cm，以看不见沙床为宜，可以用遮阴网代替稻草。

（7）盖膜。冬春季节播种，盖膜有利于保温和保湿。沙床盖草后，用水将沙床浇透，要求水分渗透深度达 15 cm 以上；浇水时要求使用带有喷头的水管或喷壶，确保浇水均匀且不把种子冲得露出沙床。

咖啡种子萌发过程示意图如图 1-1-6 所示，出土后的咖啡苗如图 1-1-7 所示。

3. 咖啡营养袋育苗的步骤

准备营养袋→配制营养土→营养土装袋→营养袋苗床浇水→取苗及保鲜→插苗上袋→浇定根水→管理苗圃。

4. 咖啡养营袋育苗的步骤方法

（1）准备营养袋。当年育苗当年定植，采用规格为 13 cm×15 cm 或 16 mm×18 mm 的塑料袋；预留补换植苗木，可采用尺寸为 20 cm×25 cm 的塑料袋。

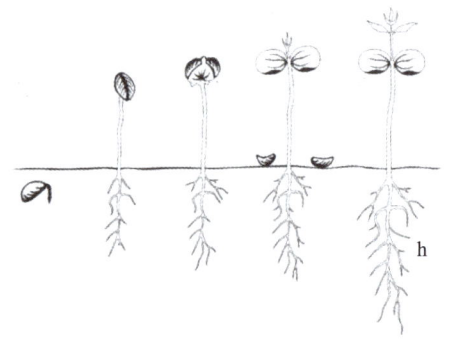
图 1-1-6　咖啡种子萌发过程示意图

图 1-1-7　出土后的咖啡苗

（2）配制营养土。营养土采用疏松表土、腐熟有机肥、钙镁肥，按 70∶28∶2 的比例配制，营养土要混合均匀。表土以壤土为宜，不宜选用黏土和沙土；表土原则上就地取材，若苗圃无符合要求的表土时，则需从别处调运；表土要求细碎，用孔径 1 cm 的铁网筛筛土，粗土可留作围苗床之用。

（3）营养土装袋。将配制好的营养土装袋，营养袋中的营养土要装满，松紧度适中，并且要摆正，处于直立状态，切忌倾斜；每排之间的营养袋要扣缝排列，尽量减少缝隙，营养袋要排列整齐。

（4）营养袋苗床浇水。在插苗之前 2~3 日必须保证营养袋中的营养土潮湿，如果土壤湿度不足，在插苗前一天就要将营养袋苗床浇透水。

（5）取苗及保鲜。当幼苗子叶种壳脱落至子叶平展即可移苗。将催芽苗床淋透水后再行起苗，取苗时要用拇指和食指轻轻地捏住幼苗茎秆基部向上拔起幼苗，或用铲子铲起小苗，将主根、主干弯曲的幼苗以及其他病苗弱苗挑选出来去除，并将幼苗放在水深 5 cm 的塑料盆等容器内保鲜；远距离运输幼苗时需要将幼苗放在泡沫箱中进行保鲜和运输，幼苗要求当天送达，时间越短越好。适合移栽的咖啡幼苗如图 1-1-8 所示；移栽咖啡幼苗如图 1-1-9 所示。

图 1-1-8　适合移栽的咖啡幼苗

图 1-1-9　移栽咖啡幼苗

(6)插苗上袋。插苗工具为长 30 cm、直径约 2 cm 的削尖的小木棍或竹片。首先将插苗工具插入营养袋中心，形成深约 7 cm、口径约 2 cm 的锥形插苗孔；将幼苗根部放入插苗孔中，根部入土深度为根颈往上 1 cm，并稍向上提苗；然后用插苗工具将根部营养土挤实；主根长度应为 5 cm 左右，过长易形成弯根，过短则不利于幼苗的恢复生长。

(7)浇定根水。幼苗插好后，要浇足定根水，用水管浇水时压力不能过大，否则会将营养土冲出来，造成幼苗根部裸露。

(8)管理苗圃。幼苗移栽后 15 日内及时补齐缺株，要求达到苗全、苗齐。移后一周每天浇水一次或以保持土壤湿润为宜，此后约每 3 日浇水一次（具体视旱情而定）。浇水时间宜在上午 11 时前和下午 4 时后进行；浇水方式以自动或半自动喷灌为佳，采用人工浇灌费工时、难操作。及时拔除苗床的杂草，保持苗床干净整洁，不能用除草剂除草。苗木移栽满一个月时，应对咖啡苗木进行追肥，幼苗长出 1 对真叶后施水肥，用 0.5% 的尿素或 0.5% 的复合肥（N：P_2O_5：K_2O=15：5：25）水溶液喷施。以后每个月追肥一次。在病害流行期，选用 0.5%～1% 的波尔多液或 600 倍液的多菌灵喷雾，每隔 7～10 日喷施一次，连喷 2～3 次，预防立枯病、褐斑病、炭疽病等病害发生。出圃前 20 日停止施肥，并适当控制水分。

三、注意事项

选用种苗时，需注意种苗的质量，咖啡种苗的质量标准如下。

1. 种苗选用标准

种苗选用标准：品种纯正，苗木健壮，叶色正常，无病虫危害，无明显机械性损伤；出圃时营养袋完好，营养土柱完整不松散；无检疫性病虫害。

2. 种苗质量分级指标

咖啡种苗分为当年苗和隔年苗两种类型，咖啡种苗质量指标见表 1-1-1。

表 1-1-1 咖啡种苗质量指标

项目	当年苗（苗龄 6～8 个月）	隔年苗（苗龄 10～12 个月）
品种纯度（%）	95	95
种苗高度（cm）	≥ 15	15～30
茎粗（cm）	≥ 0.3	≥ 0.5
叶片数（对）	≥ 5	≥ 6
分枝数（对）	无	≤ 2

续表

项目	当年苗（苗龄6～8个月）	隔年苗（苗龄10～12个月）
弯根苗（%）	≤ 10	≤ 15
根系	主根直生，不弯曲，不卷曲；侧根根系发达，均匀、舒展，且布满根毛；无病虫害，不烂根	

3. 咖啡苗木出圃的标准

咖啡苗木出圃的标准：当年苗株高 15 cm 以上，5 对以上真叶，茎基部已木质化；隔年苗株高 15～30 cm，6 对以上真叶，无分枝。6 对真叶的咖啡苗木如图 1-1-10 所示。

图 1-1-10　6 对真叶的咖啡苗木

任务 2　咖啡种植园的建立

咖啡种植园的建立包括咖啡园的规划设计、开垦、定植及植被的建立等内容。

任务实施

一、操作准备

1. 工具
锄头、枝剪、卷尺、水桶。

2. 材料
有机肥、钙镁磷肥、咖啡苗木。

二、操作步骤

1. 咖啡苗木定植的步骤
选苗→挖定植穴、施基肥→定植→浇定根水（非必需）→查苗补缺→覆盖（非必需）→建立园地档案。

2. 咖啡苗木定植的方法

（1）选苗。选择品种纯正、苗木健壮、叶色浓绿、经过1个月以上练苗时间的优质苗木；当年苗株高15 cm以上，真叶4～5对；隔年苗株高不超过30 cm，真叶6～8对，以无分枝为宜。

（2）挖定植穴、施基肥。提前3个月挖好种植沟，如图1-1-11所示。定植前在种植沟的中心位置，按1～1.2 m的株距挖穴，挖穴深度、宽度比营养袋中的苗木土柱稍大。每穴放0.5～1 kg的腐熟农家肥和100 g磷肥，与表土均匀混合。

图1-1-11　咖啡种植沟

（3）定植。用利刀切去营养袋底部1～3 cm，再垂直划破营养袋，后拆除塑料袋，但营养土要保留完好。将苗木放入种植穴中央，定植深度以营养袋口的土面与台面齐平为宜，逐层回土压实，回土时不能损坏营养土，如图 1-1-12 所示。

图 1-1-12　咖啡苗木定植

（4）浇定根水。旱季时定植必须浇足定根水，每株浇水 5 L 左右；没有灌溉条件的要求雨季定植。

（5）查苗补缺。定植一周后逐行检查，对死苗及时用同龄同类苗进行补植，以达到咖啡园苗齐、苗全，确保有效株数。

（6）覆盖。有条件的咖啡园，还可采用覆盖技术。覆盖材料有植物秸秆和塑料薄膜，起到保水、保温和抑制杂草的作用。用植物秸秆覆盖还可以增加土壤有机质，对咖啡生长有利。植物秸秆覆盖如图 1-1-13 所示。

图 1-1-13　咖啡园植物秸秆覆盖

（7）建立园地档案。建立园地档案，主要记录种植面积、品种、株数、定植时间、管理措施、管理人员、产量、病虫害及自然灾害等。

三、注意事项

种植之后，要学会建立种植档案和管理记录，便于及时查看。

任务3 咖啡树的整形修剪

咖啡是一种需要精细管理的经济作物，不但要进行合理的中耕及水肥管理，还要实行精细的整形修剪。在有低温寒害影响的地区，整形修剪问题表现更为突出。咖啡树顶端优势强和生殖生长旺盛，当顶端受伤后会引起下芽、腋芽大量萌动，形成丛生枝、徒长枝等枝条，加剧养分消耗，失去养分平衡，造成咖啡树收果后的大量枯枝（有的在未收果时就发生果枝一起枯死的现象），甚至引起整株枝干枯死。合理的整形修剪，可以调节生殖生长与营养生长的关系，培养咖啡树良好的树型，促使咖啡树稳产、丰产。

一、整形修剪对象

咖啡树整形修剪的对象主要包括：主干上萌生的直生枝，近树干 10～15 cm 的二级分枝，离树干较远处长出的二、三级分枝，向下、向上、向内生长的不规则的次生枝，病虫枝、干枯枝和下垂贴地的一级分枝。

二、整形修剪的时间

咖啡树的整形修剪时间因树龄不同有所差异。对咖啡幼树，要在咖啡树栽植后定期巡园，对咖啡树整形修剪、抹芽，抹除直生枝和过多无用的分枝，在定植后第 3 年的 5 月前，去顶控高，截顶高度为 180 cm。对结果树，每年整形修剪的时间为咖啡果收获结束后，3～10 月定期巡园，每月对咖啡树整形修剪、抹芽，抹除直生枝、病虫枝及过多无用的二、三级分枝。

一、操作准备

1. 工具
枝剪、锯子。

2. 材料
结果咖啡树。

二、操作步骤

咖啡树整形修剪的步骤和方法如下。

1. 确定咖啡树的树型

小粒种咖啡树的树型有两种：单干型和多干型，如图1-1-14所示。

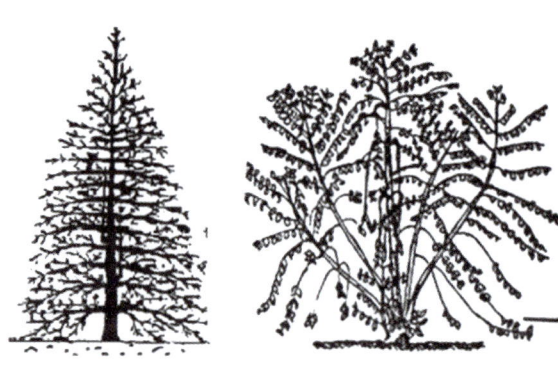

图1-1-14　咖啡树的树型示意图

单干型是指每棵咖啡树只培养一条主干。这类树型应将树体控制在一定高度，使养分集中供应，促进主干和一级分枝发育、增粗，形成强健的骨架。以后每年不断从一级分枝上抽生二、三级分枝，以代替一级分枝结果。单干型多用在新种植的咖啡树上，该树型一级分枝数量有限，后期二、三级分枝也是主要的结果枝条。一般在投产几年后应培养多干型树体，促进咖啡树丰产、稳产。

多干型是指每棵咖啡树培养2～3条主干。该树型的一级分枝数量较多，应促进主干和一级分枝发育、增粗，一级分枝为主要的结果枝条。该树型应注意主干的合理轮换和一级分枝的培养，以实现丰产、稳产。

2. 单干型树的整形修剪

（1）一次去顶法。当咖啡树高1.8～2 m时，打顶形成单干树。目前多数卡蒂莫系列品种在种植生产上多采用一次去顶形成单干型树。

（2）多次去顶法。在保留的单干上分2～3次去顶，形成单干型树。第一次去顶高度为1.2 m，第二次去顶高度为1.8～2 m。铁毕卡、波邦等高杆品种适宜多次去顶法。多次去顶法如图1-1-15所示。

（3）单干型树的修剪。幼龄咖啡树在3—10月修剪，投产咖啡树在采收结束至10月修剪，一级分枝不能修剪，二级分枝在离主干0.1～0.15 m处开始保留，如图1-1-16所示，枝条的去留主要做到以下几点。

1）抹除主干上萌生的直生枝，如图1-1-17a所示。

2）抹除靠近树干15 cm以内的二级分枝，形成烟囱式通气通道，如

图1-1-17b所示。

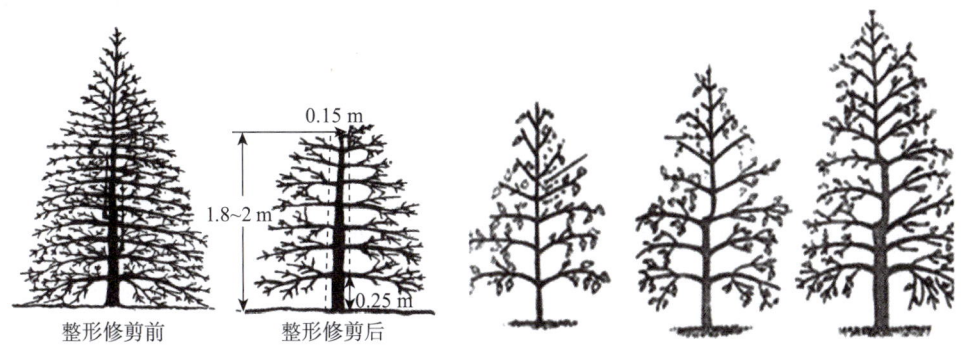

图1-1-15 咖啡树多次去顶示意图　　图1-1-16 单干型树修剪前后对比示意图

图1-1-17 枝条的去留
a）抹除主干上萌生的直生枝（红色标记）　b）修剪二级分枝

3）抹除离树干较远处长出的二、三级分枝。

4）每条一级分枝上间隔交叉保留光照好、粗壮的二级分枝1~3条，去除多余的二级分枝。

5）剪去向下、向上、向内生长的不规则的次生枝。

6）剪去病虫枝、干枯枝和下垂贴地的一级分枝。

3. 多干型树的整形修剪

多干型树整形修剪的目的是培养多条主干长出大量健壮的一级分枝作为主要结果枝。主干不去顶，待顶芽生长变缓、产量下降时，更新主干。多干型树整形修剪的技术较简单，主要是定期换主干，剪去结果后的枯枝、弱枝、多余的徒长枝及病虫枝。

在咖啡树结果6~7年后，由于主干中下部结果枝的营养耗尽干枯，主干继续生长，结果部位逐年升高，主干营养生长量逐年减少，产量下降，因此，必须更换主干，使植株保持足够的结果主枝。更新主干主要采用一次截干法和多次轮换截干法，培养新主干代替老主干结果。

（1）更新方法。成片一次更新：截干高度为主干离地面30 cm处，若主干离地面30 cm以上才有正常枝条的，切口部位可提高到40~50 cm处，在活枝条上端5 cm处切干，锯口面向外倾斜，待新干萌发后，保留从基部萌发的新干2~3条，培养成新主干。活枝条可萌发出多条二级分枝，可使下年有部分产量。咖啡树一次更新示意图如图1-1-18所示。

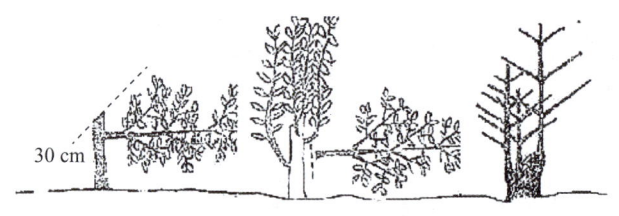

图1-1-18　咖啡树一次更新示意图

轮换更新：采用隔两行更新一行，每年更新1/3，留2/3的方法进行更新，如图1-1-19所示。

图1-1-19　咖啡园轮换更新

（2）多干轮换。每年将结果能力低的1~2条老主干截去，培养1~2条新主干代替老主干结果。一般在截干前一年，于老主干基部保留直生枝1~2条，到截干当年采果后，在直生枝长处部位上方锯去老主干。

（3）多干树修剪方法。多干型也需修剪，以保持树冠内通风透光，新培养主干健壮，结果多。修剪的主要对象是截干后长出的多余的直生枝，截干后，萌发出的直生枝，除要培养的新主干外，多余的直生枝要及时除掉。另外，要剪除部分内侧枝、枯枝和病虫枝，适当控制主干高度。

4. 咖啡枯梢树、低产树的改造

枯梢树往往发生在枝条大量结果后，植株消耗大量养分，此时，若水肥不足，管理又跟不上，就会导致枝条生长量小，叶子褪绿，经冬季低温干旱期，引起落叶、枝枯，形成树冠中部空虚。中度枯梢的，结果多的枝条全部干枯，结果少的枝条受到影响；严重枯梢的，叶片全部落光，枝条大部或全部干枯，个别主干也会干枯。改造时间宜早不宜晚，2月中下旬气温回升时即可进行改造，早改造，早长枝，加速当年生长量，使下年多结果。根据枯梢的情况进行改造。

（1）中上部枯梢。在枯梢部位最下一对枯枝的地方截干，选留新生的直生枝 1~2 条，培养成老干的延续的主干。原主干下部正常的一级分枝可继续留用，以使来年有一定产量。

（2）下部枯梢。下部枯梢的情况多出现在没有控制高度的植株上，任其长高，高出 300 cm 左右，影响群体受光，使得下部枝条被荫蔽，导致枝条瘦弱，最后干枯，结果部位升高，只有顶部枝条结果，成了伞状树形，产量下降，给管理工作增加困难。对于下部枯梢的植株可进行截干更新，更新方法同"成片一次更新"。

三、注意事项

修剪时，尽量选用树龄 3 年以上的咖啡树。

任务 4　咖啡园施肥管理

咖啡树的长势、产量和咖啡豆的品质与科学施肥有着密切关系。施肥过多，会使土壤酸化、肥效流失，甚至积累盐分，不仅会造成减产，而且会严重影响品质；施肥不足或不平衡，会使咖啡树缺乏营养元素，出现各种生理障碍，长势弱，产量低，品质差。

一、咖啡的缺素症状

咖啡需要的主要营养元素有氮、磷、钾、钙、镁、锌。咖啡树的缺素症状是常见的生理现象，可能是土壤中缺乏某种元素或者是各种元素的比例不当，影响根系对元素的吸收造成的，其症状主要体现在咖啡树叶的变化。常见的咖啡缺素症状如图 1-1-20 至图 1-1-25 所示。

图 1-1-20　缺氮

图 1-1-21　缺磷

图 1-1-22　缺钾

图 1-1-23　缺镁

图 1-1-24　缺钙

图 1-1-25　缺锌

二、咖啡的施肥配比和施肥时期

1. 施肥配比

咖啡需要的营养元素配比为：$N : P_2O_5 : K_2O : CaO : MgO = 3 : 1 : 4 : 1 : 0.7$。根据咖啡需肥特点，推荐的肥料配比为：幼龄树或小年投产树的肥料配比为 $N : P_2O_5 : K_2O = 25 : 5 : 15$（营养生长），正常投产树的肥料配比为 $N : P_2O_5 : K_2O = 15 : 5 : 25$（生殖生长）。考虑到咖啡对钙、镁元素的需求，每年应适当补充硅钙镁肥。

2. 幼龄树施肥

定植1~2年内，幼龄树主要是营养生长，应以氮肥为主，适当施用磷钾肥，以促进树冠的形成和根系的发育。施肥应少量多次地勤施、薄施。

3. 结果树施肥

每年3—4月施一次催花肥（春肥），干旱地区无灌溉咖啡园，需等第一场透雨后施第一次肥，如果雨水较晚，施肥延迟到5—6月。7—9月施1~2次养果肥，10月施一次壮果肥（秋肥）。对于成龄咖啡树，应重点施好两次肥，即春肥和秋肥。春肥也称采后肥，及时施肥有利于咖啡植株恢复树势，避免大小年现象，促进花芽分化和开花。秋肥也称养果肥或养树肥，施秋肥可提高咖啡果实饱满度，增加籽粒重，提高咖啡豆品质。施秋肥还能增强植株抗寒、抗旱能力，有利于安全越冬。施肥以氮、钾肥为主，适当补充磷肥和钙、镁肥。

一、操作准备

1. 工具

锄头、卷尺、水桶、电子秤。

2. 材料

氮肥、磷肥、钾肥、复合肥、有机肥。

二、操作步骤

咖啡园施肥的步骤和方法如下。

1. 确定施肥种类和施肥量

根据土壤特性及咖啡树生长发育特点确定施肥种类和施肥量，通过咖啡叶片营养诊断指导施肥，测土配方。国内常规咖啡园施肥量参考标准见表1-1-2。

表1-1-2 国内常规咖啡园施肥量参考标准

肥料种类	施肥量（克/株·年）				说明
	定植肥	1~2龄	2~3龄	3龄后	
优质有机肥	2 000以上	1 000	1 000	2 000	以腐熟垫栏肥计
尿素	—	50	60~100	80~100	—
过磷酸钙	150	50	60~100	60~80	酸性重可用钙镁磷肥
硫酸钾	—	40	60~100	80~100	—
硫酸镁	—	—	—	50	缺镁地区用
硫酸锌	—	—	—	5~10	缺锌地区用
硼砂	—	—	—	5~10	缺硼地区用

2. 确定施肥时间及方法

只要土壤潮湿，全年均可施化肥。一般雨季是常规施肥的最佳时期，分3~4次（2—3月、5—6月、8—9月、10—11月）施完。有机肥和化肥配合施用效果更好。

（1）土壤施肥法。根据咖啡根系的分布特点，将肥料施在根系密集区域，保证根系充分吸收养分，发挥肥料的最大效用。幼龄咖啡植株根系浅，分布范围不大，以浅施、勤施为主，随着咖啡树龄的增长，施肥的深度和范围也应逐年加深和扩大。幼龄树一般在树冠滴水线处挖施肥沟进行沟施。成龄咖啡树一般在距植株主干一侧30~40 cm处挖长40 cm、宽20 cm、深20 cm的施肥沟，施肥前将准备好的氮、磷、钾肥按1∶1∶1的比例混合均匀，撒施于沟内，肥料与沟土拌均匀，施肥后覆土，施肥沟的位置在四个方位交替轮换施用。有机肥每亩施肥量为500 kg，在秋季与化肥混匀后进行沟施。对于沙质土、坡地及高温多雨地区，肥料要适当深施勤施。对于黏性土，施肥浓度可适当增大，以减少施肥次数。旱地施氮肥要深施或混施，特别是粒肥深施是目前减少氮素损失、提高氮肥利用率的最好且较稳定的一种方法，与氮肥表施相比，将氮肥混施于土壤耕层中，也能减少氮素损失。混施和深施的主要作用是减少氨的挥发和径流损失，也可能减少反硝化损失。有灌溉条件的咖啡园，施肥后及时灌水，有利于降低氮素损失，提高氮肥利用率和增产效果。磷肥在土壤中移动性差，磷肥淋失很小，土壤对磷肥有固定作用，宜集中施用和深施，这有助于减少磷的固定作用，使更多的磷肥保持在有效状态，磷肥与农家肥作基肥一次施入更能发挥肥效。钾肥在土壤中易淋失，根据生长季节的不同，可分别采用撒施、条施、沟施、穴施和叶面喷施方法。在进行土壤施肥时，施肥位置要交替进行。

（2）叶面施肥法。叶面施肥是根外施肥的主要方式之一，是把肥料用水稀释成一定浓度，直接喷施到叶面上，让叶片直接吸收利用。叶面施肥法虽不能取代土壤施肥法，但它对迅速改善植株营养状况具有重要作用。叶面施肥主要用于补充植株营养和纠正缺素症。

喷施最佳时间宜选在上午10点前和下午4点后进行。根据树势酌情施用，长势正常的咖啡树在10—11月喷施一次磷酸二氢钾、硼、钼肥叶面肥，可促进花芽分化，促进次年开花结果，并增强咖啡树的抗寒能力。3—4月，天气干旱，无法进行土壤施肥，可喷施尿素、磷酸二氢钾、硼叶面肥，促进坐果以及新芽、新叶的生长。

叶面喷施以喷叶背面为好。因为叶片的背面气孔比正面多得多，海绵组织间隙大，茸毛也多，吸收肥液多且速度快，所以喷肥要喷匀，叶背一定要喷到。大中量元素（如氮、磷、钾、钙、镁等）可根据需要多次喷施，微量元素在连续喷施2~3次后，若缺素症状消失，则停止喷施，避免发生肥害。

叶面施肥所用的肥料要求严格掌握喷施浓度，特别是微量元素肥料，浓度过低会使施肥效果不明显，浓度过高则容易产生肥害。咖啡生产上常用的叶面肥有尿素、磷酸二氢钾、硫酸镁、硫酸锌、硼砂或硼酸等，施用浓度分别是：尿素0.2%~0.3%、磷酸二氢钾0.3%~0.5%、硫酸镁0.3%~0.5%、硫酸锌0.1%~0.3%、硼酸或硼砂0.1%~0.2%。

尽管叶面施肥优点多、效果好，但终究只是一种辅助施肥手段，绝不能代替土壤施肥。因此，要在土壤施肥，尤其是增施有机肥的基础上，配合叶面施肥，才能取得最大经济效益。

三、注意事项

开展咖啡园的土壤施肥要严格遵循施肥步骤和方法。

课程2 咖啡病虫害识别与防治

咖啡树病虫害严重影响咖啡的产量和质量。据相关资料显示，咖啡产量因病虫害造成的直接经济损失达40%以上，在没有采取防治措施的咖啡园，损失甚至超过70%。在防治病虫害的过程中应贯彻"预防为主，综合防治"的植保方针，落实"见害虫就捉，见病枝就剪除"的原则，以改善咖啡园生态环境、加强栽培管理为基础，综合应用各种措施对病虫害进行防治。

任务 1　咖啡树病害识别与防治

知识准备

危害咖啡树的主要病害有咖啡锈病、炭疽病、褐斑病、咖啡枝枯病、立枯病等。对咖啡树病害的防治首先要知道病害的危害特点及流行规律，对咖啡树发病症状进行诊断，对症下药才能取得良好的防治效果。

一、咖啡锈病

1. 危害特点

咖啡树感染咖啡锈病后，叶片病斑上布满锈孢子，导致提早落叶，光合作用能力下降，当年营养生长和果实变小，造成后期的碳水化合物量不足，引起枯枝、早衰。病害流行年份可使咖啡的产量损失超过30%。同时又因咖啡锈病的危害造成大量落叶，引发天牛类害虫的危害，严重影响咖啡生产的持续发展。

2. 症状及流行规律

咖啡锈病仅危害叶片，重病年份也可见在幼果和嫩梢上有孢子堆。病状主要表现于叶背孢子堆的发展过程，发病初期叶背面开始出现 2～3 mm 的黄色小圆斑点，其周围有浅绿色晕圈。斑点逐渐扩大，以后在发病部位的叶背面出现橙红到橙黄色的孢子堆。咖啡锈病主要通过气流和降水传播，高温高湿是咖啡锈病流行的主要因素。咖啡锈病一般症状如图 1-2-1 所示。

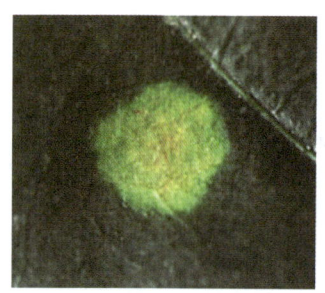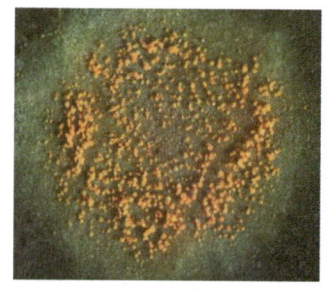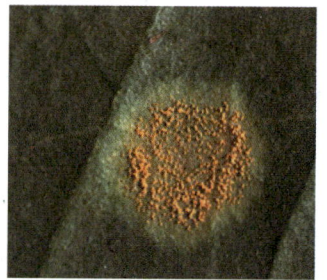

图 1-2-1　咖啡锈病一般症状

二、炭疽病

1. 危害特点

炭疽病是一种普遍发生的病害。它除了危害咖啡叶片外，还可侵害枝条和果实，引起枝条回枯和僵果。果实感病后，果皮紧贴在种肉上，使脱皮困难，严重时造成落果。

2. 症状及流行规律

炭疽病主要危害咖啡树叶片，也危害果实和枝条。叶片初侵染后，上下表面均有直径约 3 mm 的淡褐色病斑。侵染多从叶边缘开始，病斑中心呈灰白色，边缘黄色，后期完全变成灰色，并有同心圆排列的黑色小点。枝条感病后产生褐色病斑，最后引起枝条干枯；果实感病后有变黑的下陷病斑，果肉变硬并紧贴在豆粒上。侵染最适合的条件是相对湿度在 90% 以上，气温在 20 ℃ 左右。分生孢子萌芽后的芽管直接由叶、果枝的表面伤口侵入。在冷凉、高湿季节或长期干旱后的连续降雨天气有利此病发生。炭疽病在咖啡树中引起的症状如图 1-2-2 所示。

图 1-2-2　咖啡树叶片和果实的炭疽病症状

三、褐斑病

1. 危害特点

褐斑病是由半知菌尾孢属病菌引起的病害。该病主要危害生势弱、无荫蔽、结果多的咖啡树的叶片和果实，引起落叶、落果。褐斑病在咖啡树中引起的症状如图 1-2-3 所示。

图 1-2-3 褐斑病一般症状

2. 症状及流行规律

褐斑病会在叶片上产生近圆形、边缘褐色、中央灰白色的病斑，在幼叶上为红褐色病斑。病斑扩大，有同心轮纹，叶斑背面产生黑色霉状物。有时几个病斑可连在一起，但仍能看到原来病斑上的白色中心点。严重感病的病叶脱落，在果上形成果斑而影响豆的质量。该菌是弱寄生菌，在寄主受到不良环境影响，抗病力削弱的情况下严重发病。通常土壤瘠薄或管理粗放的咖啡植株，以及无荫蔽条件的咖啡幼树发病较重。相对湿度在95%以上或咖啡植株立地环境长期荫湿最有利于该病发生；在叶上孢子通过气孔侵入，在果上则通过伤口侵入，日灼受伤的叶片和果实发病较重。

四、咖啡枝枯病

1. 危害特点

咖啡枝枯病是一种常见病，能使植株的一级分枝枯枝落叶，严重的整株枯死。

2. 症状及流行规律

（1）症状。此病先发生在中层结果枝上，在果实要成熟时，先是结果枝上的叶片变黄，迅速脱落；随后果实表面出现似灼焦状的褐斑，并逐渐干枯；最后整条果枝干枯，果实变黑。病株仅在顶部的新梢上残留少量带褐斑的叶片。咖啡枝枯病是咖啡树的一种生理性病害，是因咖啡结果过多，植株养分消耗过多又供给不足而发生的。咖啡枝枯病一般症状如图1-2-4所示。

（2）流行规律。此病的发生与林地有无荫蔽、结果数量、土壤肥瘠、肥水管理水平等有密切关系。一般是无荫蔽、施肥（特别是钾肥）少、管理差、结果过多、枝条瘦弱、因锈病落叶严重的植株发病较重。

图 1-2-4　咖啡枝枯病一般症状

五、立枯病

1. 危害特点

立枯病是咖啡育苗过程中经常发生的一种病害。立枯病在亚洲、美洲、非洲种植咖啡的地区普遍发生，我国各咖啡种植区均有分布。该病引起催芽床上咖啡幼苗倒伏枯死，对于大规模育苗基地，会导致成片幼苗发病死亡；该病除危害咖啡外，还危害茶叶、可可、橡胶等。咖啡幼苗的立枯病症状如图 1-2-5 所示。

图 1-2-5　咖啡幼苗的立枯病症状

2. 症状及流行规律

发病初期，病斑在幼苗茎基部或茎干上扩展形成环状缢缩，造成顶端叶片凋萎，全株自上而下青枯、死亡。病部树皮由外向内腐烂，重者死至木质部。在病部长出乳白色菌丝体，形成网状菌索，后期长出油菜籽大小的灰白色至褐色的菌核。在高温高湿，地势低洼排水不良或淋水过多，苗床过分荫蔽、苗木拥挤、连作的土地或地表有很多枯死的植物残屑处，都有利于发病，且蔓延迅速。

一、操作准备

1. 工具
喷雾器、量筒。

2. 材料
锈病、炭疽病、褐斑病、枝枯病、立枯病标本或者实物。

二、操作步骤

1. 主要病害的识别
根据上述知识，结合病害实物或标本进行病害的辨别。

2. 对症实施防控措施

（1）锈病防治措施

1）选用抗（耐）锈丰产良种。利用品种抗性是防治病害最经济、有效的措施，如卡蒂莫、萨奇姆、T5175、T8667、德热132、德热296、德热3号等品种。

2）修枝和清园。采果结束后进行修剪和清园，保证树冠通风透光；修剪树上病残枯枝、过密枝，清理树下落叶，并将其全部清除出咖啡园后集中烧毁，防止病原菌成为来年侵染菌源。

3）适当种植荫蔽树。可改变园内小气候和土壤环境，平衡生殖生长和营养生长，使咖啡有节制地结果，保持咖啡树的正常生势，从而增强对锈病的抵抗力。

4）合理施肥。重视修枝整形，培养健壮树，防止早衰，同时还能提高植株抗病力。

5）预防喷药。雨季来临前，及时喷施1~2次保护性药剂。药剂可用较经济且防效好的30%的氢氧化铜悬浮剂600~800倍液、三唑铜喷雾。进入雨季后，8月中下旬喷一次波尔多液，9月或10月再喷一次铜制剂，可预防锈病发生。

（2）炭疽病防治措施

1）加强抚育管理（包括合理施肥和正确修剪），保持树冠通透、咖啡树生长健壮，避免咖啡结果过度、营养亏缺，提高抗病力。

2）种植适宜荫蔽树，避免叶和果过多暴晒。

3）使用1%的波尔多液每7~10日喷洒1次，连喷2~3次。防治时期为4—9月、11月至次年1月。

（3）褐斑病防治措施

褐斑病防治措施同炭疽病防治措施。

（4）枝枯病防治措施

1）营造适当的荫蔽环境。在无荫蔽咖啡园采用多干轮换整形，保持植株的营养生长与生殖生长的平衡，控制结果量。

2）咖啡园台面覆盖厚草，保护根系，调节地上部分与根系之间的平衡。在咖啡盛果期适当增施钾肥。

3）注意防治咖啡锈病、褐斑病和炭疽病，可减少枯枝病的发生。

（5）咖啡幼苗立枯病防治措施

1）选择生荒地育苗，苗圃地不连作，高畦育苗、避免苗圃积水。

2）选择无病土作为营养土，防止土壤带菌。

3）播种或插条不宜过密，适当淋水。

4）在播种覆土前或插条前对土壤进行消毒。

5）发现病苗及时清除。

三、注意事项

要先能够识别主要的病害，熟悉主要病害的流行规律，再针对不同病害采取防控措施。

任务2　咖啡树虫害识别与防治

在我国咖啡产区，危害咖啡树的主要害虫有旋皮天牛、灭字脊虎天牛、木蠹蛾、根粉蚧、绿蚧等。认识咖啡树虫害的危害特点，掌握主要虫害的流行规律，选择恰当的防治措施，可取得较好的防治效果。

一、旋皮天牛

1. 危害特点

旋皮天牛（见图 1-2-6）在我国主要分布于云南、四川，国外主要分布于越南、缅甸和印度。旋皮天牛主要危害咖啡、喜树、云南石梓、木菠萝、蓖麻、驳骨草、臭牡丹、柚木属、水团花属、石榴属等植物。以幼虫旋蛀咖啡树干基部等皮层，整株呈现枯萎状，轻者来年不能正常开花结果，需很长时间才能恢复生势，重者死亡。

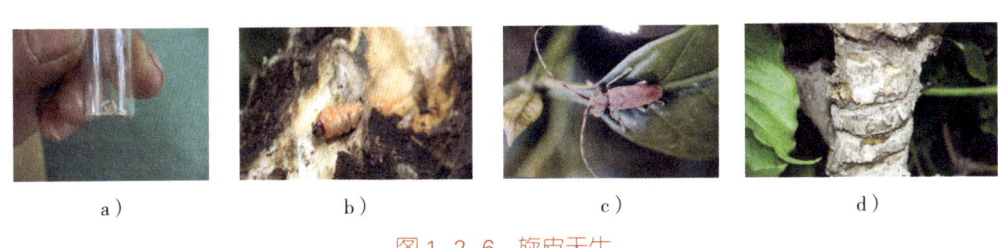

图 1-2-6　旋皮天牛
a）卵　b）幼虫　c）成虫　d）危害症状

2. 症状及流行规律

被害植株树皮呈螺旋伤痕，叶片变黄下垂。旋皮天牛在云南一年发生 1 代，以幼虫在寄主内越冬，越冬幼虫于次年 3 月下旬开始化蛹，羽化后成虫于 4 月上旬开始啮羽化孔飞出，并取食、交尾和产卵，雌虫把卵产在主干树皮的裂缝内。3～4 年树龄的咖啡树更容易受害，树龄较老的咖啡树受害较少。

二、灭字脊虎天牛

1. 危害特点

灭字脊虎天牛主要分布在亚洲咖啡产区，在我国分布于台湾、海南、广东、广西、云南和四川，主要危害小粒种咖啡、芒果、波罗蜜、厚皮树、黄坭木及蜜花水锦等。灭字脊虎天牛在云南一年发生 3 代，世代重叠。5 月中下旬至 7 月上中旬是成虫发生高峰期。成虫一般喜于晴天 10—16 时、气温 25 ℃以上时活动，常在阳坡的咖啡树干上爬动以寻找交尾，成虫交尾后用其尾端针状产卵管插入树干粗皮裂缝处，离地面 50 cm 处产卵。幼虫共分 6 龄，幼虫孵出后蛀入树干表皮层为害，当幼虫达 2～3 龄时开始向木质部内蛀害，幼虫达 5～8 龄时咖啡树受害更严重。

2. 症状及流行规律

灭字脊虎天牛以幼虫为害咖啡枝干，开始时在形成层与木质部间蛀食，进而将木质部蛀成曲折、纵横交错的蛀道，严重影响植株水分的输送，致使植株生势衰弱，枝叶枯黄，被害植株易因风吹而折断；当幼虫蛀至根部时，植株失去再生能力，而至整株枯死，如图 1-2-7 所示。

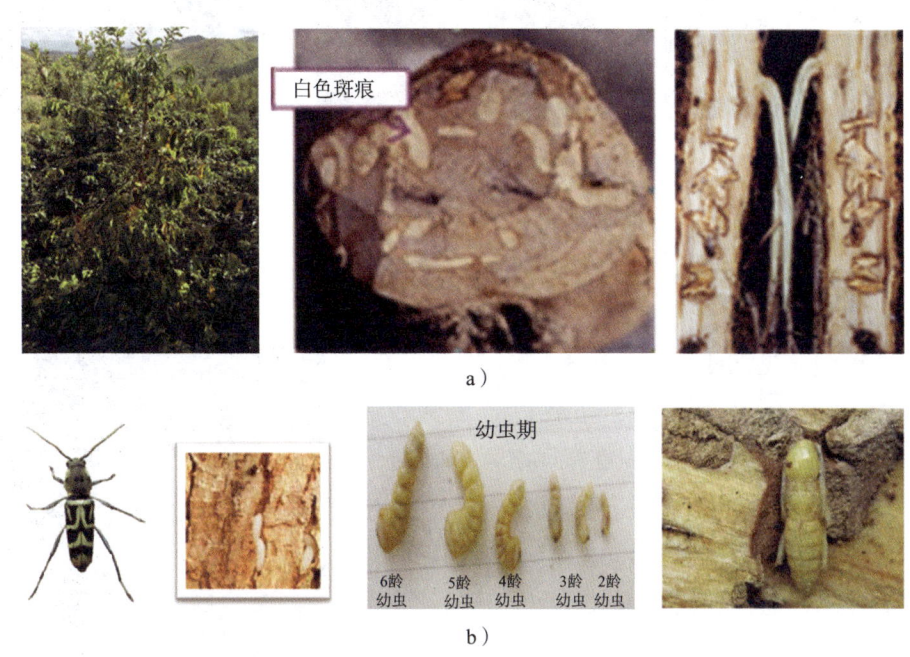

图 1-2-7　灭字脊虎天牛为害症状及害虫各虫态
a) 为害症状　b) 害虫各虫态

三、木蠹蛾

1. 危害特点

木蠹蛾以幼虫蛀食咖啡枝条和枝干，导致被害处以上部分萎蔫、枯死，易折断。该虫害在新植咖啡区发生多，对幼龄咖啡树危害较大。

2. 症状及流行规律

幼虫先从枝条顶端的腋叶处蛀入，向枝条上部蛀食，3～5 日内被害处以上出现枯萎，这时幼虫钻出枝条外，向下转移，在不远处节间又蛀入枝内，继续为害，经多次如此转移，幼虫长大，便向下部枝条转移，一般侵入离地 15～20 cm 的主干部。蛀入孔为圆形，常有黄色木屑排出孔外。幼虫蛀道不规则，侵入后先在木质部与韧皮部之间的枝条蛀食一圈，然后多数向上钻蛀，但也有少数幼虫向下蛀或横向蛀食。木蠹蛾寄主较多，在同一个地方因寄主不同，其生活史也有差异。卵产于小枝、嫩梢顶端或腋芽处，卵单粒散产。每一雌虫平均产卵 600 粒左右，产卵期约 2 日，卵约在 10 日后孵化，如图 1-2-8 所示。

图1-2-8 木蠹蛾

四、根粉蚧

1. 危害特点

根粉蚧（见图1-2-9）在我国分布于广东、海南、广西、云南和台湾，主要以若虫和雌成虫寄生在咖啡根部，初期先在根颈2~3 cm处为害，以后逐渐蔓延至主根、侧根并遍布整个根系，吸食其液汁；植株根部受害部常出现一种以蚧虫的分泌物为营养的真菌皱孔菌，其菌丝体在根部外围结成一串串瘤疱，将根粉蚧包裹保护起来，有利于其大量传播繁衍；严重地消耗植株养分及影响根系生长，使植株早衰、叶黄枝枯，有利于其种群的繁衍。

图1-2-9 根粉蚧

2. 症状及流行规律

植株受害初期当年虽然不致枯死，但翌年则日趋衰退，不能正常开花结果，造成减产和品质下降，最后因根部发黑腐烂，整株凋萎枯死。根粉蚧除危害根部外，有时在根部以上荫蔽较好的茎干部位，蚂蚁常搬土把其包裹保护起来，包裹部位长达20~50 cm，使咖啡树势减弱。该虫害一般在土壤肥沃疏松，富含有机质和稍湿润的林地发生。幼龄树与成年树相比受害较重，易出现受害症状。干旱年份该虫害发生较重。该虫寄主较多，能危害胡椒、可可、芒果等，田间生长的草本植物有的也是其野生寄主。

五、绿蚧

1. 危害特点

绿蚧（见图1-2-10）又名绿软蜡蚧，属同翅目蚧科害虫，广泛分布于世界整个热带地区，以若虫和成虫群集在咖啡嫩梢和叶背面吸取汁液，尤其以嫩部受害较重。绿蚧除直接吸取寄主汁液外，还排泄蜜露在叶片上，妨碍光合作用，植株被害后生势衰弱，严重被害的幼果果皮皱缩，果柄发黄，幼果未成熟即脱落，使得咖啡产量减少、质量降低，并诱发煤烟病。

图1-2-10　绿蚧

2. 症状及流行规律

受害叶片或枝条发黄，叶片、果实、枝条等上覆盖有黑色煤状物，常常伴有蚂蚁。严重被害的幼果果皮皱缩，果柄发黄，幼果未成熟即脱落。干热河谷区绿蚧周年虫口数量随温度上升而上升，随温度下降而下降，受温度影响明显。咖啡抽生幼嫩枝叶期和花芽分化期，咖啡幼嫩组织较多，有利于绿蚧快速繁殖与扩散传播。

一、操作准备

1. 工具
修剪工具。

2. 材料
旋皮天牛、灭字脊虎天牛、木蠹蛾、根粉蚧、绿蚧等害虫标本或实物。

二、操作步骤

1. 主要虫害的识别
根据上述知识，结合虫害实物或标本进行虫害的识别。

2. 对症采取防控措施

（1）旋皮天牛防治措施

1）新定植1~2年的咖啡园，于每年干旱季节抹去主干上粗糙的树皮，破坏其产卵场所。

2）2~4年的咖啡树，于3—4月对其主干采用生石灰进行刷干，破坏其产卵环境。

3）咖啡园内适当种植荫蔽树。

4）结合灭字脊虎天牛进行药剂防治。

（2）灭字脊虎天牛防治措施

1）每年采果结束后，在成虫产卵前后（4月）将水、胶泥、石灰粉、食盐、硫黄粉按比例2∶1.5∶1.2∶0.005∶0.005混合均匀，搅拌成糨糊状，均匀涂刷在距离地面50~80 cm的树干上；或用触杀产卵成虫的药剂噻虫·高氯淋干；卵孵化高峰期，用特异性杀虫剂虱螨脲淋干。

2）由于成虫产卵于粗糙的树皮裂缝内，因此应抹去粗糙的树皮，破坏其产卵环境，从而防止该虫的繁殖。

3）每年5—7月和9—10月是人工捕杀成虫及幼虫的关键时期，于白天正午阳光强烈时，对3年生以上的成龄咖啡树逐株检查，如发现顶芽、幼梢嫩叶萎蔫，叶黄枝萎或树势不正常的植株，用力一推或拉主干就折断的虫株，将其有虫主干段集中堆放，再进行熏蒸处理或粉碎烧毁。

4）成虫羽化高峰期，将胃毒剂或触杀剂噻虫嗪喷施于主干及树冠。

5）释放管氏肿腿蜂、保护黑足举腹寄生蜂、黑褐举腹蚁、立毛举腹蚁、蠼螋等天敌。

（3）木蠹蛾防治措施。经常检查，结合修枝整形，如发现虫伤枝，特别是幼嫩受害枝条，应从虫孔下方剪除并烧毁，以消灭枝中害虫。已经蛀入树干木质部的幼虫，用铁丝捅入虫道把幼虫刺死。在该虫为害期，每年4月以后，发现咖啡园内萎蔫枝条，及时剪除后将虫处死。

（4）根粉蚧、绿蚧防治措施

1）种植适宜的荫蔽树，加强咖啡园修剪工作，保持树冠及园内通风。

2）根粉蚧严重的田块，采用淋干的方法，结合灭字脊虎天牛化学防治进行防治。

3）选用95%的矿物油和40%的螺虫乙酯（1∶1）1 000倍液喷淋。

4）保护天敌，瓢虫对该虫的生防效果较好，应做好对瓢虫的保护措施。

三、注意事项

要先能够识别主要的虫害,熟悉主要虫害的流行规律,再针对不同的虫害采取防控措施。

模块 2 咖啡初加工

课程 1 咖啡鲜果采收与加工

咖啡初加工是形成商品豆的重要环节。恰当的咖啡初加工方式可以提升咖啡豆的品质,展现出咖啡独特的地域风味。咖啡鲜果最常用的加工方式主要有干法加工、半湿法加工、湿法加工三类。现在随着初加工技术的提高及精品咖啡的发展,也出现了多样化的加工方式,如厌氧发酵、红酒发酵等。

任务 1 咖啡鲜果采收

咖啡鲜果采摘的质量是生产优质咖啡豆的前提条件,采收前应做好采果工的培训及相关工具的准备工作。针对大规模种植的红果咖啡,咖啡果实呈鲜红色为成熟的标志,果实成熟后即可开始分期分批适时采收。果实过熟会落果,过早采收未成熟果,加工后豆上带的银皮多,影响品质。

一、咖啡鲜果成熟度的识别

咖啡鲜果随着成熟过程会发生颜色变化:青(绿)色果→黄色果→橘红色果→鲜红色果(成熟)→紫红色果→紫黑色果→干果→病果。根据颜色变化可以识别成熟度。

二、不同成熟度果实的特性

1. 青（绿）色果、黄色果

青（绿）色果、黄色果为不成熟果，脱皮难度大，籽粒不饱满，营养储藏不充分，晒干后豆皮皱缩，品质差，带青草味，脱皮时易受机损而形成黄豆，因此，青（绿）色果、黄色果严禁采收，但最后一批下树果除外。

2. 橘红色果、鲜红色果、紫红色果

橘红色果、鲜红色果、紫红色果为成熟果实，籽粒饱满，营养物质储存充足，果肉软滑，用手指轻轻挤捏就可将咖啡豆脱出果皮，脱皮时，机损少，脱皮较彻底，加工质量好，是采收的主要对象。

3. 紫黑色果、干果、病果

紫黑色果、干果为过熟果，是由于采收不及时或采收遗漏，长期挂在树上导致果皮失水皱缩、发酵至全干的成熟果实。病果指果皮已变红色，但由于在生长过程中受病菌感染，在果皮上形成病斑的果实。以上三种果实机械难脱皮，且易机损，应单独存放，采用干法加工。

任务实施

一、操作准备

1. 工具
箩筐。

2. 材料
结果并成熟的咖啡树。

二、操作步骤

1. 鲜果采收的步骤
鲜果采收主要有以下步骤：采收前准备→咖啡鲜果成熟度的识别→采果→储运。

2. 鲜果采收的方法
咖啡鲜果的成熟期因各地气候、海拔等不同而有差异，我国咖啡产区一般在9月至翌年3月成熟，高海拔地区成熟较晚。在咖啡果实由绿转红时就采摘，做到随熟随采，到翌年3月底前需结束采摘工作。最后一次采果，不管红色果、

绿色果全部采下，采果期采收的绿色果一般不超过5%。不同成熟度的咖啡鲜果如图2-1-1所示。

图2-1-1 不同成熟度的咖啡鲜果

咖啡鲜果开始成熟时，进行分批采果，并将咖啡树上所有的过熟果、干果、病果采收完成。成熟的全红鲜果如图2-1-2所示。

图2-1-2 成熟的全红鲜果

3. 储运

运送鲜果的车厢要清洗干净，不得有肥料、农药、动物粪便、有机肥等有异味的污染物，同时不得和有异味的物品混运。当天采收的鲜果应当及时处理，如果遇机械损坏或数量太大无法在当天加工时，可将鲜果倒在储果池内，并放清水浸泡，以起到保鲜的作用。

三、注意事项

咖啡果实应适时进行采收，才能保证产量和质量，当果实呈金黄色至鲜红色时为最适采收期。如达紫红色或已干黑为过熟，过熟会影响咖啡商品豆的色泽和品位。若果皮尚绿或微黄属未成熟果。小粒咖啡的采收期较集中，应随熟随收。采收时应逐个采收，不得一把将果穗摘下来，以免影响次年花芽的形成及开花结果。

任务 2 咖啡湿法加工

小粒咖啡以湿法加工为主，湿法加工的主要优点是加工时间短、咖啡豆的质量好、品质稳定。咖啡湿法加工又称水洗式加工方法。1740 年，荷兰人发明了湿法加工，就是将鲜果水洗、浮选、脱皮、脱胶、干燥后得到带壳干豆，带壳干豆经脱壳、风选、分级即成商品豆。湿法加工在消耗大量水的同时也产生大量的污水，生产 1 kg 生豆需要 50～100 kg 水。湿法加工的咖啡豆酸度高、黏稠度和甜感低，但干净清爽。

一、操作准备

1. 工具与设备

特制筛子、脱皮机、脱胶机等。

2. 材料

咖啡鲜果。

二、操作步骤

1. 咖啡湿法加工工艺流程

咖啡湿法加工工艺流程如下：鲜果→分级→脱皮→发酵脱胶→清洗→浸泡→干燥→带壳豆打包/入库。各流程如图 2-1-3 至图 2-1-9 所示。

图2-1-3 鲜果

图2-1-4 分级

图2-1-5 脱皮

图2-1-6 发酵脱胶

图2-1-7 清洗

图2-1-8 干燥

图2-1-9 干燥后的带壳豆

2. 咖啡湿法加工步骤

（1）加工设施设备的准备。加工设备主要包括鲜果脱皮机及其配套设备。

此外，还需要充足的清洁水、足够的晒场或干燥设备。

（2）鲜果清洗、分级、除杂。鲜果在加工前应除去枝、叶等杂物并进行分级。分级方法主要有以下几种。

1）浮选分级。用水将鲜果进行分级，目的是除去干果、病果和较轻的杂质。

2）粒径分级。使用一定孔径大小的特制筛子，把大小不同的果实分开，方便调节脱皮机间隙，达到提高脱皮机脱净率的目的。

3）成熟度分级。在脱皮前把青（绿）色果、病果、干果、过熟果分出，有利于提高成品豆质量。

（3）脱皮。脱皮是指用机械将果皮除去，以利于脱除果胶，如图2-1-5所示。当天采收的果实应当天脱皮，若堆放时间过长，则由于果实的代谢作用导致豆在果皮内发酵，影响豆的质量。脱皮机应调节适当，使进料和脱皮效果理想，以免弄破种皮甚至切破种仁，否则发酵脱胶时会使咖啡豆破损部位变色，降低产品质量。

（4）脱胶。脱胶的方法一般有发酵脱胶和机械脱胶两种。

1）发酵脱胶。内果皮上的黏液是由糖、酶、原果胶质和果胶脂组成的有机物质，通过细菌进行自然发酵可溶解，便于洗去。另外，发酵时的"浸泡"也能使咖啡豆的各种成分相互渗透，提高产品质量的均匀度。发酵脱胶一般在发酵池进行，可用砖和水泥建造。池的数量和大小应根据果实产量确定，保证有足够的发酵池。影响发酵的主要因素是气温和果实的成熟度。一般来说，气温高则发酵时间短，气温低则发酵时间长。过熟咖啡发酵很快，而未成熟咖啡则需要较长的时间。发酵的方法有湿发酵、干发酵两种。其中，湿发酵是指将脱皮后的咖啡豆堆放在发酵池中，加水淹没脱皮的咖啡豆，随后自然发酵。这一过程加水不宜过多，以高于豆面5 cm左右为宜。这种方式发酵的快慢受气温影响，气温高则发酵快，一般需1~4日。此法需要的时间稍长，但发酵均匀，豆的颜色好。在实施湿发酵时，要注意利用浮选法将漂在上层的不饱满豆取出单独发酵和晾晒。干发酵是指将脱皮后的咖啡豆直接堆放在发酵池中，随后用塑料薄膜盖好，以利于保持水分。干发酵不加水，属于固态自然发酵，其发酵温度高、速度快，但均匀度稍差，也容易发酵过度，导致酸味大，所得咖啡豆的颜色比湿发酵法差。在气温较低时，也可采用先干发酵一天，然后采用湿发酵，这样可克服单独发酵法的不足，并综合两者的优点。

2）机械脱胶。机械脱胶是指用脱皮机脱皮、脱胶机脱胶，或用脱皮脱胶组合机同步脱皮脱胶，从而获得带壳湿法咖啡豆。脱皮脱胶时要注意调节好设备各个闸阀的注水量大小，并要做到进料均匀，使各个环节能够很好地协调工作，保证生产顺利进行。脱胶干净与否的判断方法与发酵脱胶的相同。

（5）清洗、分级。脱胶后的咖啡豆要洗去残留在豆壳表面的果胶和其他残渣。一般用清洁水进行清洗，在洗豆池（槽）充分搅拌搓揉，将豆粒表面的果胶漂洗干净，所得咖啡豆干燥后豆壳洁白、质量好。在洗豆的同时要注意把空瘪的漂豆分拣出来分别晾晒，并在后续加工过程中分开处理，确保咖啡豆质量整齐一致。

（6）浸泡。将清洗后的咖啡豆置于清水池中浸泡 12 小时，换水 1~2 次，当浸泡的水变浑浊时即可换水。浸泡时加水不宜过多，以高于咖啡豆 5 cm 左右为宜。浸泡结束后去除浸泡水，随后用清水冲洗可使带壳豆的颜色更好。这种方式可使成品的杯品质量更加均匀，同时会减弱生青味。

（7）干燥。洗干净的带壳咖啡豆沥干水后的含水量为 52%~53%，必须将其含水量降低到 10%~12% 才可作为商品生豆。咖啡豆干燥最经济有效的办法就是利用太阳光，但对收获期雨季尚未结束的地区，则需借助机械干燥。小粒种咖啡的干燥过程共分以下六个阶段。

1）第一干燥阶段（表皮干燥阶段）。在洗净豆或从浸泡豆池取出后，必须将咖啡的含水量尽快降低到 45% 以下，晾晒时豆粒要摊薄，厚度一般以不超过 4 cm 为宜，经常搅翻。

2）第二干燥阶段（白色干燥阶段）。第一阶段干燥完毕后，种壳与咖啡米之间不再有水存在，必须缓慢进行，避免太阳暴晒造成种壳炸裂。因此，在温度最高或阳光较强烈时要适当荫蔽，或增加摊晒层厚度并增加搅动次数。

3）第三干燥阶段（软黑阶段）。经过前两个阶段，咖啡豆已经半干，此时继续晾晒 2 日，不可用机械干燥，以免影响咖啡质量。

4）第四干燥阶段（中黑阶段）。经过第三阶段咖啡豆已变得坚硬、颜色较深，此时可继续厚晒，并可以短时储存。

5）第五干燥阶段（硬黑阶段）。该阶段干燥需要快速进行，必要时可使用机械烘干。该阶段咖啡内部水分较少，可储存达一个月。

6）第六干燥阶段。在前期干燥基础上，进一步将咖啡干燥至含水量为 10%~12%。

咖啡的干燥是一个不可逆的生产过程，工作一旦开始就不能让咖啡再回潮，否则会造成大量的坏豆，如海绵豆、白豆、黑豆等。

（8）带壳豆打包/入库。当带壳咖啡豆的含水量低于 12% 时，便可以脱壳或者直接入库保存。

三、注意事项

加工结束后,对湿法加工的咖啡豆进行质量评价分析,掌握水洗加工咖啡豆的风味,并做好记录,为进一步完善工艺做准备。

任务3 咖啡干法加工

干法加工是指将咖啡鲜果直接干燥,当水分含量降至11%~12%时,即可脱果皮、筛弃杂质,分级即成商品豆。干法加工所得咖啡豆的脂肪、酸物质与糖类含量较高,黏稠度高,甜感强,味谱变化幅度较大,能产生特殊香气,如茉莉花香、肉桂、丁香、松杉、薄荷、柠檬、柑橘、巧克力等香味,鲜果质量差或者干燥不好,也易产生土腥、木质、皮革、药水等杂味。

一、操作准备

1. 工具与设备

晾晒架、脱壳机等。

2. 材料

咖啡鲜果。

二、操作步骤

1. 咖啡干法加工工艺流程

咖啡干法加工工艺流程如下:采收鲜果→清洗、分级、除杂→干燥→入库储存。

2. 咖啡干法加工步骤

(1)采收鲜果。采收成熟的咖啡鲜果。

(2)清洗、分级、除杂。选出正常成熟的咖啡鲜果,方法同湿法加工。

(3)干燥。将分选好的咖啡鲜果放在晒床上晾晒。晾晒过程中,必须不断翻动果实,避免果实发霉或过度发酵。咖啡鲜果干燥如图2-1-10所示。

图 2-1-10　咖啡鲜果干燥

（4）入库储存。当咖啡干果的含水量为 10%～12% 时，进行装袋便可直接入库保存。

三、注意事项

加工结束后，对干法加工的咖啡豆进行质量评价，掌握干法加工咖啡豆的风味，并做好记录，为进一步完善工艺做准备。

任务 4　咖啡半湿法加工

半湿法加工也称为蜜处理或半干法加工。半湿法加工是将咖啡鲜果脱皮后，直接干燥成带果胶的带壳豆的过程，经脱壳、风选、分级即成商品豆，介于干法和湿法之间。

一、操作准备

1. 工具与设备

脱皮机、晾晒架、电子秤、脱壳机等。

2. 材料

咖啡鲜果。

二、操作步骤

1. 咖啡半湿法加工工艺流程

咖啡半湿法加工工艺流程如下：鲜果→清洗、分级、除杂→脱皮→晾晒→脱壳并打包/入库。

2. 咖啡半湿法加工方法

（1）清洗、分级、除杂。选出正常成熟的咖啡鲜果，方法同湿法加工。

（2）脱皮。去除咖啡果皮，方法同湿法加工。

（3）晾晒。将脱好皮的带果胶咖啡豆放在晒床上晾晒。晾晒过程中，必须不断翻动果实，避免果实发霉或过度发酵。蜜处理咖啡豆干燥如图 2-1-11 所示。

图 2-1-11　蜜处理咖啡豆干燥

（4）脱壳并打包/入库。当咖啡豆的含水量低于 12% 时，便可以用脱壳机脱皮脱壳，直接打包/入库保存。

三、注意事项

加工结束后，对所得半湿法加工质量豆进行质量评价，掌握半湿法加工咖啡豆的风味，并做好记录，为进一步完善工艺做准备。

任务 5　咖啡鲜果加工创新应用

湿法加工咖啡在加工处理过程中产生的污水及其排放成为咖啡产业可持续

健康发展的一大问题。为了有效地解决这个问题，创新咖啡鲜果加工方式"微水加工"逐渐被推广应用。

一、操作准备

1. 工具与设备

清洗机、脱皮脱胶机、预烘干机、烘干箱等。

2. 材料

咖啡鲜果。

二、操作步骤

1. 咖啡微水加工工艺流程

咖啡微水加工工艺流程如下：鲜果→清洗、分级、除杂→无水脱皮脱胶→预烘干→烘干→打包/入库。

2. 咖啡微水加工方法

（1）清洗、分级、除杂。选出正常成熟的咖啡鲜果，方法同湿法加工。

（2）无水脱皮脱胶。将清洗完成的好果送入脱皮脱胶机，采用无水处理法，在这一过程中无需用水即可完成咖啡鲜果去皮。

（3）预烘干。预烘干是为了快速干燥脱果皮、果胶咖啡豆表面的水分，避免发酵变质。预烘干机采用空气热能烘干，通过电加热空气，并自动控制温度在 50 ℃以内，加热的空气被吹入烘干箱内快速烘干咖啡豆表面的水分。通常预烘干大约 40 min。

（4）烘干。将预烘干后的咖啡豆送入烘干箱，进一步对其进行干燥。

（5）打包/入库。当咖啡豆的含水量低于 12% 时，即可以脱壳或者直接打包/入库保存。

三、注意事项

加工结束后，对所得微水加工咖啡豆进行质量评价，掌握微水加工咖啡豆的风味，并做好记录，为进一步完善工艺做准备。

课程 2　咖啡豆脱壳

任务　咖啡豆脱壳加工

一、脱壳加工前咖啡豆的要求

一般带壳咖啡豆或者干果的含水量为 10%～12% 时,即可进一步加工得到商品咖啡生豆;含水量小于 10% 时,脱壳碎豆率高;含水量大于 13% 时,易变成白豆,进而成为缺陷豆。

二、咖啡豆粒径分级

咖啡豆粒的大小是评价咖啡产品质量的重要指标之一。根据国际标准,小粒种咖啡大小分为 10～20 级,孔径与筛号对应关系见《咖啡师(基础知识)》表 5-2。

三、咖啡缺陷豆对咖啡质量的影响

咖啡缺陷豆会严重影响咖啡杯品的质量,需要进行分拣。咖啡豆的缺陷主要是以下环节引起的:种植管理的缺陷、鲜果初级加工产生的缺陷、带壳咖啡豆加工产生的缺陷、仓储产生的缺陷等[缺陷豆对杯测的影响程度见《咖啡师(基础知识)》表 5-7]。

一、操作准备

1. 工具与设备

去石机、分级机、脱壳机、抛光机、分级筛粒径分选机、色选机等。

2. 材料

咖啡带壳豆、咖啡干果。

二、操作步骤

1. 咖啡豆脱壳加工流程

咖啡豆脱壳加工流程如下：带壳咖啡豆（咖啡干果）→除杂→脱壳→粒径分级→重力分级→色选（分拣色豆）→打包／入库。

2. 咖啡豆脱壳加工步骤

（1）除杂。在脱壳前须对咖啡豆进行处理，除去石子等杂物，否则容易损坏脱壳机。该步骤可以采用去石机进行处理。

（2）脱壳。干燥好的带壳咖啡豆和干果通过脱壳机，脱去咖啡的种壳和干果皮。在脱壳机中可以脱去干果皮、种壳及部分银皮，脱壳后的咖啡进入抛光机，清除咖啡豆表面的银皮及杂物。

（3）粒径分级。按咖啡豆的颗粒大小，采用圆孔分级筛进行分级。

（4）重力分级。由于咖啡的生长环境和种植的海拔高度不同，咖啡豆的密度质量不同，因而可采用重力分级机和风选分级机进行分级，同时可去除贝壳豆。

（5）色选（分拣色豆）。通过咖啡色选机和人工分拣去除咖啡缺陷豆，避免咖啡缺陷豆对咖啡杯品质量产生影响。

（6）打包／入库。经分级后的咖啡豆可进行包装，须用牢固、干燥、清洁、无异味的麻袋或编织袋包装。咖啡豆存放仓库必须干燥、通风良好，须经常检查，做好防霉、防虫等工作。运输时要防止受潮及暴晒，运输车辆要符合食品卫生要求，不得与有异味物品混运，也不得用货仓有异味的车辆运输。具体按 NY/T 1056—2021《绿色食品　储藏运输准则》的规定执行。

三、注意事项

1. 咖啡豆存放的仓库必须清洁、干燥且通风良好，无漏雨现象。

2. 地板要做防潮处理，地面最好铺一层木板，咖啡豆不能直接与地板和墙壁接触，防止咖啡豆吸湿回潮。

3. 咖啡豆不得与化肥、农药等有强烈气味的物品共同存放在同一仓库内。

4. 仓库需专人管理，避免鼠害和虫害，并定期做好抽检。

5. 仓储时应注意保持好相对平衡的温度和湿度，以达到最佳仓储条件。最理想的相对湿度为 50%～63%，最理想的温度是在 20 ℃以下。咖啡豆最好带壳储藏，储藏时间一般不宜超过 6 个月。

6. 储藏室同一等级、同一季节的商品豆或带壳豆分开堆放，不应把变质的咖啡豆与保存完好的咖啡豆堆放在一起或储存在同一间仓库中。

模块 3 咖啡制作与设备清洁

课程 1 咖啡制作准备

制作现磨咖啡，最先接触到的原料是咖啡熟豆，所以咖啡师要养成观察判断咖啡熟豆新鲜度、烘焙程度及质量的习惯，这是确保咖啡饮品质量的首要环节。同时，要学会使用咖啡研磨机研磨咖啡豆。

任务 1 辨别咖啡熟豆

一、判断咖啡熟豆的新鲜度

咖啡是一种纯天然的植物饮料，由咖啡树的种子经过烘焙、研磨、冲煮而成。咖啡熟豆研磨成咖啡粉后较难辨别质量，所以冲煮前要先辨别熟豆的质量和新鲜度。经烘焙得到的咖啡熟豆常用带有单向排气阀的包装袋存放，虽然保质期比较长，但因其含有大量的挥发性芳香物质，在储存过程中会不断挥发，香气越来越弱；另外，接触氧气会产生氧化作用，使得所含的油质劣化，若再处于高温、高湿和日光照射等环境，会加速其变质。可以从以下几个方面判断熟豆的新鲜度。

1. **外观辨别**

咖啡熟豆的具体成色与烘焙程度有关：浅度烘焙的咖啡熟豆颜色较浅，通常呈浅褐色；中度烘焙的咖啡熟豆呈褐色；深度烘焙的咖啡熟豆呈深褐色或黑色。咖啡熟豆新鲜时豆表干净无油渍且豆粒饱满，随着放置时间延长，咖啡熟豆表面会慢慢出油，这时就不太新鲜了。深度烘焙的咖啡熟豆刚出锅就会有零星的油渍，随着储存时间延长，油渍会越来越多，就更不新鲜了，这也是深度烘焙的咖啡熟豆难以长时间储存的原因。

2. 气味辨别

新鲜的咖啡熟豆香气丰富饱满、浓郁宜人。储存时间稍长的咖啡熟豆闻起来虽然有香气，但香气微弱单薄，持续时间短，而且会有油脂氧化后的哈喇味和油腻味等不好的气味，储存时间再长一些甚至会有酸败味。

3. 质地辨别

质地通常是用手按压或用牙齿咀嚼的方式，依靠触觉来判断。新鲜烘焙的咖啡熟豆质地酥脆，咬碎咀嚼会散发出香浓的气味，不新鲜的咬起来则绵软且气味弱。

如果在冲泡的过程中观察，还可以从冲泡注水时粉层的膨胀程度判断。咖啡粉接触水后，粉层膨胀性较好，表明气体比较多，咖啡熟豆越新鲜；若膨胀性差，说明气体比较少，新鲜度差。

二、判断咖啡熟豆的烘焙度

在冲煮之前除了辨别咖啡熟豆的新鲜度外，还要学会初步判断咖啡熟豆的烘焙程度及质量。咖啡熟豆在烘焙过程中大致会经历脱水、一爆、二爆等关键节点，在这些过程中咖啡豆内的成分会产生一系列的化学变化，给咖啡带来不同的风味。脱水就是给咖啡豆提供热量时，水分从豆体内逐步挥发；一爆、二爆就是指咖啡豆受热膨胀，产生大量气体冲破细胞壁，使豆子发生爆裂的现象。在这些关键节点的不同时段出锅，就会得到不同烘焙程度的咖啡，大致分为浅度烘焙、中度烘焙和深度烘焙三种。

三、判断咖啡熟豆的质量

咖啡熟豆里常常混有烘焙不足豆、烘焙不均匀豆、过度烘焙豆及奎克豆等风味不良的瑕疵豆。这些瑕疵豆主要是由于果实发育不良、初加工处理不好或者烘焙技术不当等所致，它们占比越多，咖啡喝起来口味越差。一般情况下，咖啡烘焙师会进行两次挑选，一次是烘焙前对咖啡生豆进行挑选，一次是烘焙好后对咖啡熟豆进行挑选。但要得到一杯好咖啡，咖啡师在冲煮之前，挑选咖啡熟豆中的瑕疵豆这个步骤是不能省去的，所以，学会辨别区分常见的瑕疵豆是咖啡师的基本功。

一、操作准备

1. 器具

咖啡熟豆盘 11 个。

2. 物料

新鲜和不新鲜的咖啡熟豆样品各 30 g，浅度烘焙、中度烘焙和深度烘焙的咖啡熟豆各 30 g，奎克豆、陨石坑豆、烘焙不足豆、过度烘焙豆、烘焙不均匀豆、贝壳豆及破裂豆共六种瑕疵豆各 30 g。

二、操作步骤

1. 识别咖啡熟豆的新鲜度

准备不同新鲜程度的咖啡熟豆，分别放在干净的熟豆盘里进行观察识别，咖啡熟豆的新鲜度对比见表 3-1-1。

表 3-1-1 咖啡熟豆的新鲜度对比

类别	图例	气味	质地
新鲜咖啡熟豆		香气丰富饱满、浓郁宜人，会有坚果、焦糖、奶油、花果等正常气味	质地松脆
不新鲜咖啡熟豆		香气弱，甚至会有哈喇味、酸败味等不好的气味	质地绵软，松脆程度差

2. 识别不同烘焙度的咖啡熟豆

将三种不同烘焙度的咖啡熟豆分别放在干净的熟豆盘里,并进行观察识别,不同烘焙度的咖啡熟豆对比见表 3-1-2。

表 3-1-2　不同烘焙度的咖啡熟豆对比

图例	烘焙程度	豆表外观	风味	质地
	浅度烘焙	呈浅褐色,豆表干净、无油渍	有草本、花果等香气;酸度明亮;口感清爽顺滑	质地硬,组织结构紧实
	中度烘焙	呈褐色,豆表光滑、饱满	有浓郁的香气,如坚果、焦糖、奶油等;酸度柔和,酸、甜、苦平衡;口感顺滑	质地松脆,容易捣碎或咬碎
	深度烘焙	呈深褐色,豆表光滑,有零星油渍	有浓郁的香气,如焦糖、黑巧克力、香料等;酸味弱,苦味强,回甘清甜,口感醇厚	质地很松脆,组织结构网孔大

3. 识别常见的瑕疵豆

将不同类型的瑕疵豆分别放在干净的熟豆盘里,并进行观察识别,常见的瑕疵豆对比见表 3-1-3。

表 3-1-3　常见的瑕疵豆对比

名称	图例	豆表外观	风味	形成原因
奎克豆		豆表呈浅褐色;豆体体积偏小,质地硬且银皮紧紧依附在豆体上	青草味和麦秆味,伴有涩感	采摘营养不足及高海拔地区晚熟咖啡鲜果,烘焙过程中焦糖化不足

续表

名称	图例	豆表外观	风味	形成原因
贝壳豆及破裂豆		外层较薄，呈贝壳形状，内层是呈锥形或柱形的破裂豆	发酵、发臭的气味，滋味单薄，风味不足	贝壳豆在烘焙后会分离成两部分，外层是质地较轻的贝壳豆，内层是破裂豆，因体积和密度小，容易被烤焦，烘焙不均匀
陨石坑豆		颜色呈深黑色，豆表有油渍，豆子圆弧面有焦黑的平面状"凹坑"	烟熏气味，滋味焦苦	深度烘焙时，过度加热滚筒所致
烘焙不足豆		颜色比较浅且无光泽；豆子硬度高	青草、蔬菜等风味，会造成萃取不足	烘焙时间太短，热量供给不足造成烘焙太浅
过度烘焙豆		颜色较深，豆表面会出油；质地非常松脆，容易捣碎	焦苦味，会造成过度萃取	烘焙时间太长导致烘焙太深，风味被燃尽
烘焙不均匀豆		豆表面颜色深浅不一，色泽不均匀	浓烈酸苦的风味，伴有涩感，会造成萃取不均匀	烘焙过程中供热不均匀所致

三、注意事项

咖啡熟豆质量参差不齐，有些样品之间差异很大，有些样品之间只有细微的差别。在学习的过程中，除了识别指定观察的样品外，还需要多采集样品以及多观察，方能熟练掌握相关知识和技能。

任务 2　咖啡研磨

一、咖啡研磨的重要性

咖啡丰富的香味成分及营养物质被锁在烘焙好的咖啡熟豆内，它们由细小的纤维细胞构成，只有当纤维细胞被切开后，咖啡油脂及其香醇的味道才能被释放出来，所以咖啡豆经过烘焙后必须研磨成粉才能进行冲煮萃取。

咖啡粉中的水溶性物质有一个理想的萃取时间，适当的研磨度对冲煮出美味咖啡非常重要。如果研磨的咖啡粉颗粒很细，容易造成过度萃取，使得咖啡液非常浓苦，品尝体验差；反之，如果研磨的咖啡粉颗粒很粗，则咖啡粉中的水溶性物质能溶解到水里的比例将大大减少，导致萃取不足，使咖啡液淡而无味。咖啡豆的研磨度根据其颗粒大小可以分为粗度研磨、中度研磨、细度研磨、极细度研磨等，依据不同的咖啡冲煮器具来选择合适的研磨度。在实际应用过程中，没有一成不变的研磨度，即便是同一个壶具冲煮同一款咖啡，研磨度也会有差异。至于要选择什么样的研磨度，则需要根据所选用的壶具、咖啡烘焙度、咖啡种类、冲煮时间及预期风味目标等因素来确定。一般而言，冲煮时间越短，选择的研磨度就越细；冲煮时间越长，选择的研磨度就越粗。

此外，研磨后咖啡粉的均匀性对冲煮出均衡的风味至关重要，只有当研磨度相对一致时，才能均匀地释放风味物质。

二、咖啡研磨的最佳时间

咖啡熟豆研磨成咖啡粉后，表面积增大，香气会快速挥发，尤其在没有得到妥善储存时，咖啡粉很容易吸潮吸味，甚至会氧化变味，这样品质再好的咖啡也会被破坏，难以冲煮出香醇的咖啡。所以，咖啡熟豆最理想的研磨时间是在冲煮之前，研磨后的咖啡粉若未及时使用，需存放在密封的包装容器里并放在干燥、阴凉、避光的地方储存。

三、咖啡研磨机的种类

咖啡研磨机根据驱动方式分为手动咖啡研磨机及电动咖啡研磨机。

1. 手动咖啡研磨机

手动咖啡研磨机是一种便携式的咖啡研磨工具,一般由咖啡粉盒、咖啡豆仓、调节片、手柄、螺母等部分组成,如图3-1-1所示。它的磨盘为立体的锥形锯齿刀,由两块圆锥铁组成,圆锥铁的表面布满锯齿,这两块圆锥铁是将咖啡豆研磨成粉的结构。手动咖啡研磨机小巧方便,主要用于家庭。

图3-1-1　手动咖啡研磨机

1—咖啡粉盒　2—咖啡豆仓　3—调节片　4—手柄　5—螺母

2. 电动咖啡研磨机

电动咖啡研磨机是通过电动机带动锯齿刀具转动将咖啡豆切削研磨成咖啡粉的一种研磨工具。锯齿刀具由两片环状的刀片组成,圆周上布满锋利锯齿。电动咖啡研磨机启动后,咖啡豆会被带进刀片之间被切割或碾压成细小的颗粒。电动咖啡研磨机根据冲煮方式分为单品咖啡研磨机和意式咖啡研磨机。单品咖啡研磨机主要由开关、咖啡粉杯、出粉口、刻度盘、咖啡豆仓、咖啡豆仓盖和磨盘组成,如图3-1-2所示。

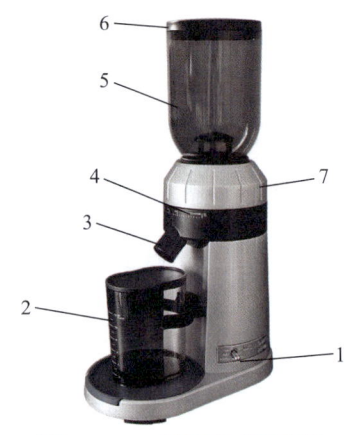

图3-1-2　单品咖啡研磨机

1—开关　2—咖啡粉杯　3—出粉口　4—刻度盘　5—咖啡豆仓　6—咖啡豆仓盖　7—磨盘

意式咖啡研磨机分为手动拨粉意式咖啡研磨机和数控定量意式咖啡研磨机。手动拨粉意式咖啡研磨机由咖啡豆仓、咖啡粉仓、刻度盘、手柄放置架、拨粉把手、刻度调节把手等组成，如图 3-1-3 所示。咖啡豆研磨成咖啡粉后，会集中先落入咖啡粉仓，再通过拨粉把手将咖啡粉拨入咖啡手柄的咖啡粉碗里。

图 3-1-3　手动拨粉意式咖啡研磨机

1—开关　2—残粉盘　3—手柄放置架　4—咖啡粉仓　5—刻度盘　6—磨盘　7—咖啡豆仓
8—咖啡豆仓盖　9—刻度调节把手　10—拨粉把手

数控定量意式咖啡研磨机主要由咖啡豆仓、显示屏、刻度盘、出粉口、手柄放置架、刻度调节把手等组成，如图 3-1-4 所示。通过控制研磨时间达到控制出粉量的目的，设置的时间越长出粉量越多，设置的时间越短出粉量越少。需要根据所要出品意式浓缩咖啡的量（单份/双份用粉量），设置好研磨时间，在制作咖啡时按下相应的按键，就可以连续研磨咖啡粉，直接落入手柄放置架上的咖啡粉碗里。该款研磨机能最大程度保留咖啡粉的香气，同时可提高工作效率。

四、咖啡研磨度的分类

研磨度是指咖啡豆研磨成颗粒后的粗细程度，不同研磨度可通过刻度盘进行调节，电动咖啡研磨机刻度盘如图 3-1-5 所示，以刻度指针为参照物，按下固定卡扣，调节刻度指针至所需刻度。刻度数值越大，研磨颗粒越粗；刻度数值越小，研磨颗粒越细。顺时针方向调节为调细，逆时针方向调节为调粗。调整时要启动研磨机，一边研磨一边小幅度逐步调整，不宜大幅度调整，以免磨盘卡死。

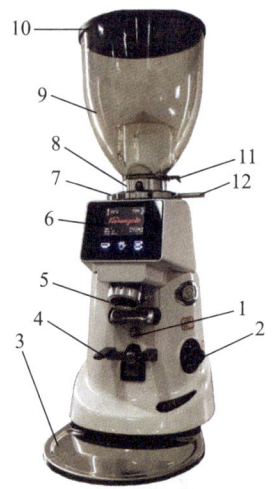

图 3-1-4　数控定量意式咖啡研磨机

1—触碰按钮　2—开关　3—残粉盘　4—手柄放置架　5—出粉口　6—显示屏　7—刻度盘
8—磨盘　9—咖啡豆仓　10—咖啡豆仓盖　11—咖啡豆仓开关　12—刻度调节把手

图 3-1-5　电动咖啡研磨机刻度盘

1—刻度调节把手　2—刻度指针　3—固定卡扣

根据研磨后颗粒大小大致分为粗度研磨、中度研磨、细度研磨和极细度研磨。

1. 粗度研磨

粗度研磨咖啡粉的粒径大小为 1 100～1 600 μm，颗粒如粗白糖晶体颗粒大小，如图 3-1-6 所示，主要适用于过滤介质滤网孔径较大的器具，如大容量咖啡粉碗的商用美式滴滤机、法压壶冲煮咖啡。

2. 中度研磨

中度研磨咖啡粉的粒径大小为 800～1 000 μm，如图 3-1-7 所示，适合滴滤式（如手冲壶、聪明杯等）、虹吸式咖啡壶等器具冲煮咖啡。

图 3-1-6　粗度研磨　　　　　图 3-1-7　中度研磨

3. 细度研磨

细度研磨咖啡粉的粒径大小为 500～700 μm，颗粒如细砂糖般大小，如图 3-1-8 所示，看似很细，却仍是颗粒状，粉水接触的总表面积大，萃取率较高，适合摩卡壶、越南壶、爱乐压等器具冲煮咖啡。

图 3-1-8　细度研磨

4. 极细度研磨

极细度研磨咖啡粉的微粒直径为 200～400 μm，类似面粉般的粗细度，如图 3-1-9 所示，主要适用于意式浓缩咖啡机萃取意式浓缩咖啡。

图 3-1-9　极细度研磨

如果需要精确测量咖啡粉的粒径大小，可以借助如图3-1-10所示的咖啡粉筛进行筛分测量评估。

图3-1-10　咖啡粉筛

一、操作准备

1. 设备与器具

手动咖啡研磨机1台、单品咖啡研磨机1台、手动拨粉意式咖啡研磨机1台、数控定量意式咖啡研磨机1台。

2. 物料

新鲜咖啡熟豆100 g。

3. 清洁工具

研磨机清洁刷1把。

二、操作步骤

1. 手动咖啡研磨机研磨咖啡豆

使用手动咖啡研磨机前，需要仔细检查并清洁各个部位，确保能正常使用。

（1）调整研磨机刻度盘。根据咖啡豆的风味特征、选用的冲煮方式及预期风味，确定咖啡研磨度，调整研磨机的调节片。调整方法是先拧开最上面的螺母，如图3-1-11所示；依次取下各个螺母，如图3-1-12所示；再旋动调整最下面的调节片,如图 3-1-13 所示,这颗调节片越往上拧,研磨出的咖啡粉越粗,越往下拧研磨出的咖啡粉越细,根据需求调节到合适的刻度。按照顺序依次装上螺母和手柄,如图 3-1-14 所示,注意卡好并拧紧。

图 3-1-11　拧开螺母

图 3-1-12　取下螺母

图 3-1-13　旋动调节片

图 3-1-14　安装螺母

（2）研磨。在咖啡豆仓里加入咖啡豆,如图 3-1-15 所示。左手握住研磨机中间部位以稳定机身,右手按顺时针方向转动研磨机手柄,将咖啡豆研磨成粉,如图 3-1-16 所示。需要注意的是,如果是第一次使用该研磨机,或与上一次研磨的咖啡豆不一样,则需预先研磨少量即将研磨冲煮的咖啡豆,并把这部分粉清除,避免之前使用后残留在研磨机内的咖啡粉影响风味,通常把这个步骤称为洗磨。

（3）取粉。研磨完成后,将粉盒里研磨好的咖啡粉取出来,如图 3-1-17 所示。

（4）清洁与维护。使用结束,咖啡粉杯和咖啡豆仓需及时用干净的清洁刷刷干净。不宜将咖啡豆或者咖啡粉长时间留在对应的容器内,避免氧化产生异味,影响咖啡的口感及风味。

2. 单品咖啡研磨机研磨咖啡豆

（1）检查单品咖啡研磨机。检查单品咖啡研磨机配套的各个部件,如咖啡豆仓、咖啡粉杯等是否完整、完好；查看咖啡豆仓内是否有余留的咖啡豆，咖啡粉杯内是否有残留的咖啡粉，若余留的咖啡豆、咖啡粉与当前研磨的咖啡豆不一样或者已经过了最佳饮用品尝期，需清除干净再用。

图3-1-15　加入咖啡豆　　图3-1-16　研磨咖啡豆　　图3-1-17　取出咖啡粉

（2）检查电源。检查所使用的电路是否安全，确保电源插座完好可用。

（3）调节单品咖啡研磨机的刻度盘。观察单品咖啡研磨机刻度盘的初始位置及数字刻度指示符号，如图3-1-18所示，转动研磨机刻度盘，将数字刻度指示符号指向所需的刻度数字。通常，按照顺时针方向旋转，数字越大，研磨颗粒越粗；反之则越细。

图3-1-18　数字刻度指示符号

（4）研磨。接通电源，打开单品咖啡研磨机开关，如图3-1-19所示，打开咖啡豆仓盖，将称量好的咖啡豆放入咖啡豆仓中，如图3-1-20所示，咖啡豆将被快速研磨成粉，如图3-1-21所示。

在正式研磨所冲煮的咖啡豆前需要进行洗磨，即用少量的咖啡豆进行预研磨，一是清除研磨机里残留的咖啡粉，避免污染即将冲煮的咖啡粉；二是观察判断当前刻度下的研磨度是否满足本次冲煮需要，无论过粗或者过细，都需要通过调整研磨机的刻度盘，选择合适的研磨度。

（5）关闭电源。完成研磨后立即关闭单品咖啡研磨机开关，并关闭电源。

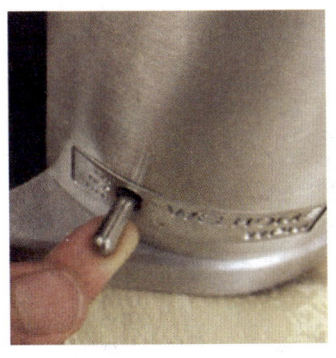
图 3-1-19 打开开关

图 3-1-20 加入咖啡豆
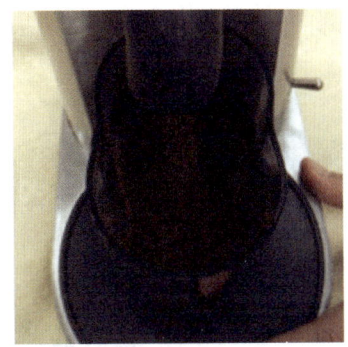
图 3-1-21 研磨咖啡豆

（6）清洁与保养。清洁研磨机机身外壁、咖啡粉杯及放置研磨机的工作台面等。

3. 手动拨粉意式咖啡研磨机研磨咖啡豆

手动拨粉意式咖啡研磨机主要用于制作意式浓缩咖啡，与半自动咖啡机配套使用。

（1）检查电源。检查研磨机所使用的电路，确保研磨机的电源插座完好。

（2）调节研磨机的刻度盘。手动拨粉意式咖啡研磨机的刻度盘如图 3-1-22 所示，按照顺时针方向旋转，数字越大，研磨颗粒越粗；反之则越细。制作意式浓缩咖啡的咖啡粉要求非常细且均匀，所以研磨度的调整相比单品咖啡研磨机会更难，恰当的研磨度必须结合咖啡萃取过程来检验，通过测试检验找到适宜的刻度。手动拨粉意式咖啡研磨机同样需要洗磨，与单品咖啡研磨机的洗磨方法一样。

图 3-1-22 刻度盘

（3）研磨。打开咖啡豆仓盖子，将称量好的咖啡豆放入咖啡豆仓。打开电源，打开手动拨粉意式咖啡研磨机开关，如图 3-1-23 所示，拉开咖啡豆仓底部的开关,如图 3-1-24 所示,咖啡豆将被快速研磨成咖啡粉。

图 3-1-23　打开开关　　　　　图 3-1-24　拉开咖啡豆仓底部的开关

（4）取粉。把咖啡手柄放置在手柄放置架上,来回拨动拨粉把手取粉,如图 3-1-25 所示,让咖啡粉落入咖啡粉碗内。取咖啡粉时,需要从左、右、前、后等位置调整咖啡手柄的位置,让咖啡粉相对平整地填满咖啡粉碗,同时避免咖啡粉溢出咖啡粉碗。

（5）关闭研磨机。完成研磨后关闭研磨开关及电源。

（6）清洁。用清洁布清洁咖啡豆仓,如图 3-1-26 所示;用清洁刷清洁磨盘区域,如图 3-1-27 所示;用清洁刷清洁咖啡粉仓,如图 3-1-28 所示;用清洁刷清洁残粉盘,如图 3-1-29 所示。

图 3-1-25　取咖啡粉　　　　　图 3-1-26　清洁咖啡豆仓

图 3-1-27 清洁磨盘区域　　图 3-1-28 清洁咖啡粉仓　　图 3-1-29 清洁残粉盘

4. 数控定量意式咖啡研磨机研磨咖啡豆

数控定量意式咖啡研磨机主要用于制作意式浓缩咖啡，与半自动咖啡机配套使用。

（1）检查电源。检查研磨机所使用的电路，确保研磨机的电源插座完好。

（2）打开开关。打开开关后，数控定量意式咖啡研磨机上的指示灯及显示屏亮起来，此时处于待机状态，如图 3-1-30 所示。

图 3-1-30　待机状态

（3）观察显示屏上的粉量按钮。显示屏上有手动出粉按钮，如图 3-1-31 所示；单份出粉按钮，如图 3-1-32 所示；双份出粉按钮，如图 3-1-33 所示；显示屏上还显示温度和湿度等参数。

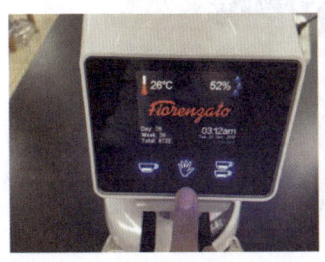 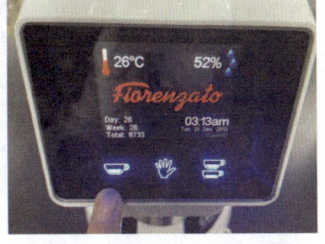 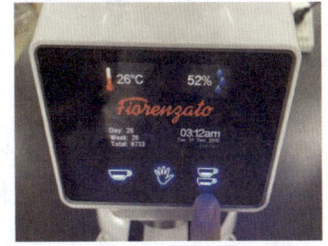

图 3-1-31　手动出粉按钮　　图 3-1-32　单份出粉按钮　　图 3-1-33　双份出粉按钮

（4）取粉。出粉方式有三种：第一种是用咖啡手柄触碰填粉架内部的触碰按钮（见图 3-1-34），触碰状态下会持续出粉（见图 3-1-35），咖啡手柄离开触碰按钮时即可停止研磨;第二种是按下单份出粉按钮或双份出粉按钮时自动出粉,出粉量为研磨机设定的量,图 3-1-36 所示为按下双份出粉按钮后自动出双份粉量;第三种是手动出粉,按住手动出粉按钮出粉,松开按钮就停止出粉,如图 3-1-37 所示。

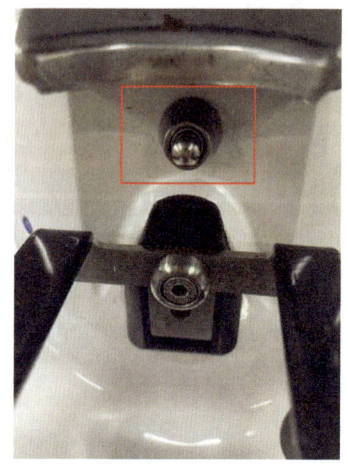

图 3-1-34 触碰按钮

图 3-1-35 触碰按钮出粉

图 3-1-36 按下双份出粉按钮出粉

图 3-1-37 按住手动出粉按钮出粉

(5)关闭电源。完成研磨后,先关闭研磨机开关,再关闭电源。

(6)清洁。同手动拨粉意式咖啡研磨机的清洁方式。

三、注意事项

1. 使用手动咖啡研磨机时,应匀速且轻轻转动手柄,尽可能减少磨芯摩擦热的产生。

2. 研磨时，应根据需求量来确定研磨量，用多少就研磨多少，且每次连续研磨的时间不宜过长，避免磨芯产生热量。连续研磨时间尽量控制在 1 min 以内。

课程 2　器具制作咖啡

单品黑咖啡是大众选择咖啡饮品的主流趋势之一，用来冲煮制作黑咖啡的器具也比较多，如手冲壶、虹吸壶、法压壶、摩卡壶、爱乐压等。这些器具在咖啡店、办公室和家庭中被广泛使用，本课程主要介绍用这些器具冲煮咖啡的方法。

任务 1　手冲壶冲煮咖啡

一、手冲咖啡简介

手冲壶用来冲煮手冲咖啡，手冲咖啡又称为滴滤式咖啡。它是将咖啡粉放入配有滤纸的滤杯中，用手冲壶注入热水，让咖啡粉中的可溶性物质溶解在水中，再经过滤纸过滤完成冲煮。这种冲煮方式能充分萃取出咖啡的芳香物质，甜度高，酸度明亮，整体滋味平衡，口感顺滑、干净，风味丰富且有层次感。手冲咖啡的口感醇厚度与虹吸咖啡相比稍弱，这与手冲壶的滤纸会滤掉部分油脂有关，如果用滤布来过滤手冲咖啡，也可保留更多的油脂，醇厚度接近虹吸咖啡；与压力式咖啡相比，手冲咖啡的醇厚度会更低，但会更清爽。这种方法是冲煮现磨黑咖啡的主流方式之一，冲煮套件包括手冲壶、咖啡分享壶、滤纸、滤杯等。一杯风味丰富、干净明亮的手冲咖啡，除了与咖啡豆原料本身质量有关外，还与恰当的粉水比例、研磨粗细度、注水方式、冲煮萃取时间等诸多萃取技术有关。

二、手冲咖啡配件

1. 滤杯

常见的手冲咖啡滤杯主要有三孔式滤杯、V60 锥形滤杯、蛋糕形滤杯等。

（1）三孔式滤杯。三孔式滤杯也称为卡利塔扇形滤杯，如图3-2-1所示，它的特点是杯壁上有呈直线分布的凹凸纹路导流沟槽，可加快咖啡液的流速；底部有三个在一条直线上的小圆孔，咖啡液滴滤的速度比较慢，属于半浸泡式萃取。它因孔数多，不容易堵塞，适用于各种烘焙度的咖啡，通过调节萃取量比较容易调整萃取液的浓度，热水可分多次注入。

（2）V60锥形滤杯。V60锥形滤杯如图3-2-2所示。V60锥形滤杯底部有个大滤孔，杯壁上分布有漩涡状螺旋导流沟槽。锥形角度延长了水流穿过咖啡粉流向中心的时间，能充分萃取咖啡粉里的成分；因底部滤孔很大，容易通过改变水流流速调整咖啡风味；滤杯内侧的螺旋纹设计能让空气从四周向上逸出，咖啡粉层膨胀快，风味成分释放充分，但滤杯的沟槽处容易聚集水流，造成部分咖啡粉过度萃取，部分咖啡粉萃取不足，使得风味不均匀。但中心滤孔大，可通过加大注水水流增大过滤流速，在一定程度上弥补萃取的不均匀。

（3）蛋糕形滤杯。蛋糕形滤杯又称为波浪滤杯，如图3-2-3所示。蛋糕形滤杯底部比较平整，可让咖啡萃取液均匀流出，流速比V60锥形滤杯慢，更适合比较耐萃的咖啡。蛋糕形滤杯配套使用有折纹的滤纸，取代V60锥形滤杯中导流沟槽的特殊设计，减少滤纸和滤杯的直接接触面积，一方面可以达到集中萃取的效果，热水能够均衡流畅地滴滤而下，使咖啡萃取更加顺利；另一方面能减缓降温的速度。

图3-2-1 三孔式滤杯

图3-2-2 V60锥形滤杯

图3-2-3 蛋糕形滤杯

2. 手冲壶

手冲壶根据加热方式可分为电热控温手冲壶和普通手冲壶。电热控温手冲壶（见图 3-2-4）方便加热，能精准控制温度，是比较受欢迎的手冲壶，但价格稍贵；普通手冲壶如图 3-2-5 所示，需要用其他热水器把水加热后再倒入其中使用，使用起来比电热控温手冲壶麻烦，不能准确读出水温度数，但价格实惠。

图 3-2-4　电热控温手冲壶

图 3-2-5　普通手冲壶

3. 过滤介质

过滤介质是冲泡咖啡时过滤咖啡渣的过滤器，分为滤纸过滤器和滤布过滤器。过滤介质能让咖啡液体流过，同时截留咖啡渣。滤布过滤器可以反复使用，但不易清洗，使用得比较少。滤纸过滤器为一次性使用，因其方便、卫生、价格合理，使用比较广泛。滤纸的材质、厚度、网孔紧密程度会影响冲泡时的流速。过滤孔径较大、纤维结构稀疏、厚度比较薄的滤纸过滤速度会很快；相反，过滤孔径较小、纤维结构紧密、厚度比较厚的滤纸会减缓过滤速度。滤纸的材质有竹纤维、木纤维、棉麻等，有漂白处理和未漂白处理的，呈白色的通常是经过漂白处理的滤纸，呈浅黄色的是未经漂白的原浆纸。根据滤杯的形状及大小有配套的滤纸型号：三孔式扇形滤纸，如图 3-2-6 所示；V60 锥形滤纸，如图 3-2-7 所示；蛋糕形滤纸，如图 3-2-8 所示。

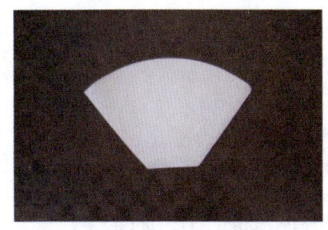  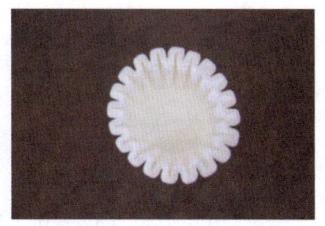

图 3-2-6　三孔式扇形滤纸　　图 3-2-7　V60 锥形滤纸　　图 3-2-8　蛋糕形滤纸

4. 咖啡分享壶

咖啡分享壶是用来盛放咖啡液体的容器，冲煮结束后通过晃动咖啡分享壶混合不同阶段萃取的液体，再分装至咖啡杯里饮用。咖啡分享壶材质主要有玻璃材质和陶瓷材质，有宽口和聚口等类型。有刻度的玻璃材质咖啡分享壶清洗方便，应用较多，容量大小为 250～600 mL，如图 3-2-9 所示。

图 3-2-9　咖啡分享壶

一、操作准备

1. 设备与器具

（1）设备。咖啡研磨机 1 台。

（2）器具。咖啡分享壶 1 把、电热控温手冲壶 1 把、咖啡量勺 1 把、V60 锥形滤杯 1 个、V60 锥形滤纸若干、咖啡粉杯 1 个。（可根据实际情况调整。）

（3）杯具。咖啡杯 1 个、咖啡杯碟 1 个、方糖碟 1 个、咖啡勺 1 把、奶杯 1 个、纸巾碟 1 个。

（4）称量工具。电子秤 1 台。

2. 物料

新鲜咖啡熟豆 30 g、方糖 1 盒、牛奶 1 瓶。

3. 冲煮用水

水温为 90 ℃左右。

4. 清洁工具

口布 1 块、清洁布 2 块、研磨机清洁刷 1 把。（可根据实际情况调整。）

二、操作步骤

1. 备具

将所需要的器具准备齐全，为便于取用和操作管理，可统一放置在一个托盘内,如图 3-2-10 所示。打开电热控温手冲壶烧水并开启保温功能,如图 3-2-11 所示。

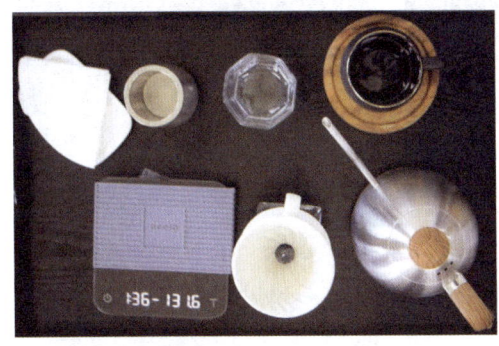

图 3-2-10　手冲咖啡冲煮器具

图 3-2-11　电热控温手冲壶烧水

2. 称量研磨咖啡豆

使用咖啡量勺取咖啡豆,根据两人份的出品量,称量 20 g 左右,如图 3-2-12 所示。将称取的咖啡豆放入咖啡研磨机中进行研磨,用咖啡粉杯装咖啡粉,如图 3-2-13 所示,选择中度研磨,研磨后的咖啡粉如图 3-2-14 所示。

图 3-2-12　称量咖啡豆

图 3-2-13　用咖啡粉杯装咖啡粉

图 3-2-14　中度研磨咖啡粉

3. 折叠滤纸

将滤纸沿着折线部分折叠、压紧,如图 3-2-15 所示。

4. 润洗滤纸

将滤纸放入滤杯,用热水润洗滤纸 2~3 次,如图 3-2-16 所示。润洗滤纸的目的有两个:一是去除滤纸的异味,二是使滤杯和滤纸贴合。润洗滤纸的同时也能起到温热滤杯的作用。然后用热水清洗咖啡分享壶(见图 3-2-17),确保咖啡分享壶有基础温度,并将清洗的水倒出。

图 3-2-15 折叠滤纸

图 3-2-16 润洗滤纸

图 3-2-17 清洗咖啡分享壶

5. 倒咖啡粉

将装有滤纸的滤杯放在咖啡分享壶上,再把整套手冲咖啡冲煮组件放在电子秤上并去皮归零,如图 3-2-18 所示。把研磨好的咖啡粉倒入滤杯,如图 3-2-19 所示,查看确认咖啡粉量和研磨之前的咖啡豆量是否一致(有些咖啡研磨机在研磨时会残留一部分咖啡粉,使得研磨前后有质量差异),以便于计算咖啡粉和水的冲煮比例;用手拍打滤杯侧面,使咖啡粉表面平整,如图 3-2-20 所示。此步应做到及时萃取,咖啡豆研磨后应在 5 min 内开始萃取,以免香气逸散;润洗滤纸后应在 2 min 内萃取,以免滤杯降温;咖啡粉倒入滤杯后需在 10 s 内开始萃取,以免香气逸散。

图 3-2-18 冲煮组件归零

图 3-2-19 倒入咖啡粉

图 3-2-20 拍打滤杯

6. 注水冲煮

（1）焖蒸。焖蒸也称为预浸泡，用手冲壶往咖啡粉里注入热水，如图 3-2-21 所示，水温为 88～92 ℃，水量以刚好浸湿所有咖啡粉为宜，一般是咖啡粉量的 1～2 倍。

焖蒸后咖啡粉层会膨胀鼓起，如图 3-2-22 所示，越新鲜的咖啡粉膨胀性越好。焖蒸的目的是让水在最短时间内与咖啡粉充分接触，充分释放有效的可溶性成分。焖蒸时间为 20～30 s，具体根据咖啡粉的新鲜程度来确定，越新鲜的咖啡粉焖蒸时间越短。

图 3-2-21 注入热水

图 3-2-22 咖啡粉层膨胀鼓起

（2）注水萃取。焖蒸后分两次注水。

第一次注水：从滤杯粉面中心开始，用均匀的水流由内向外顺时针或逆时针打圈注水，如图 3-2-23 所示。此时，新鲜的咖啡粉会产生许多泡沫，如图 3-2-24 所示。咖啡粉与水的比例按照 1∶15 进行，即总注水量为 300 mL，此阶段的注水量可以控制在 150～200 mL，如图 3-2-25 所示。

图 3-2-23 第一次注水　　图 3-2-24 咖啡粉产生泡沫　　图 3-2-25 结束第一次注水

第二次注水：待咖啡粉全部塌陷下去，粉面凹陷时（见图 3-2-26），先沿着滤杯外缘将咖啡粉冲入滤杯中央（见图3-2-27），再从中心点往外打圈注水，（见图3-2-28），注意不要注水至咖啡粉与滤纸交界处。

图3-2-26　粉面凹陷

图3-2-27　将咖啡粉冲入滤杯中央

图3-2-28　从中心点往外打圈注水

7. 咖啡出品

待滤杯里只剩下咖啡渣时，表示萃取结束，完成冲泡，如图3-2-29所示，取下滤杯，摇晃咖啡分享壶，使得咖啡分享壶里的咖啡液混合均匀，如图3-2-30所示；再将咖啡分享壶里的咖啡液倒至咖啡杯里，以八分满为宜。倒出咖啡液之前，咖啡杯需要用热水温杯；可直接饮用，也可加入方糖和牛奶等咖啡辅料。将咖啡勺、杯碟、纸巾、牛奶、方糖等物品整理在一个托盘里（见图3-2-31）呈送给顾客。此步操作时，若有咖啡液体或水洒至咖啡杯外壁，需要用专用干净口布擦干净，确保所使用的杯具干净卫生。

图3-2-29　结束萃取

图3-2-30　混匀咖啡液

图 3-2-31　手冲咖啡出品摆放方式

8. 清洁

（1）清洁研磨机。咖啡制作完以后应及时用清洁刷清洁研磨机出粉口、残粉盘等，用清洁布清洁研磨机机身及周围台面。

（2）清洁器具。将滤杯里的滤纸连同咖啡渣清除至垃圾桶；用清水清洗滤杯、咖啡分享壶等器具；用清洁布擦拭操作台面，若操作台面比较脏，将清洁布清洗干净后反复擦拭。

三、注意事项

1. 冲煮时，一般为站立姿势，两脚与肩同宽，动作轻柔且缓缓注入热水。

2. 冲煮用水温度控制在 88～92 ℃。水温过高易导致过度萃取，产生焦苦味及杂味；水温过低则会导致萃取不足，风味弱，香气不足。

3. 注水水流高低会影响饮品风味。水流越高，下冲力越大，水流在粉层中激烈流动，冲泡速度越快，会产生杂味；相反，水流越低，下冲力越小，水流缓和，冲泡速度越慢，风味就越浓，但过慢的水流也容易导致过度萃取，咖啡苦味偏重，影响风味。

4. 手冲咖啡是边注水边过滤，咖啡粉的粗细度对流速有重要影响。咖啡粉太细，水流太慢，会间接拉长萃取时间；咖啡粉太粗，水流过快，可溶性物质释放不完整，风味比较淡。

5. 浅度烘焙的咖啡豆质地比较密实，冲煮时不易透水，水温应稍高；深度烘焙的咖啡豆质地较稀疏，吸水性好，粉层接触水后易膨胀，焦苦味重，水温要稍低。

6. 新鲜烘焙的咖啡粉注水后会产生很多气体，粉层膨胀性好，优质风味能较好地被保留，选用新鲜咖啡豆是冲出好咖啡的关键因素之一。

7. 焖蒸后，注水方式可以采用细水流一次完成注水，也可以采用"三段式"注水法，即把注水分为三段，以小、中、大水流萃取。当然还有很多其他方法，每种萃取方式的风味特点都不一样，需要不断尝试总结。

8.清洁过程中，会用到多块清洁布，不同用途的清洁布应该分类使用，不要混用。

任务2　虹吸壶冲煮咖啡

一、虹吸咖啡简介

虹吸壶又称为塞风壶，是一款古老经典的咖啡冲煮器具。萃取方法是在下壶里加水，加热下壶后产生水蒸气，下壶气压增大，经上壶的玻璃管将下壶的热水推至上壶，在上壶中加入咖啡粉萃取咖啡中的可溶性物质，待关闭或移除下壶的加热热源后，下壶降温冷却，导致下壶里气体收缩减压，接近真空状态下产生负压，咖啡液回流至下壶，咖啡渣被阻隔在上壶里，从而完成冲煮萃取。

二、虹吸壶的特点

虹吸壶的优点是观赏性强，在加热条件下冲煮萃取，出品的咖啡温度高，口感纯净，能将咖啡豆的个性风味特点冲煮出来。这种方式属于浸泡式萃取，冲泡技巧性比较强，除了研磨粗细度、粉水比例外，火力控制、搅拌频次、关火回流时间等都会影响风味，值得探究。虹吸壶的缺点是材质易碎，使用起来比手冲壶复杂，要特别注意的是煮制加热前上壶和下壶壶身外壁的水渍必须擦干。煮制过程中要避免持续沸腾，否则，一方面会导致过度萃取，另一方面水会从上壶溢出，存在安全隐患。

虹吸壶按出品杯份大致可分为两人份、三人份和五人份三种规格的容量。

一、操作准备

1.设备与器具

（1）设备。咖啡研磨机1台。

（2）器具。虹吸壶1套、光波炉（或酒精灯）1台、搅拌棒1个、咖啡量勺1把、咖啡粉杯1个、冰夹1把。

（3）杯具。咖啡杯 1 个、咖啡杯碟 1 个、咖啡勺 1 把。

（4）称量工具。电子秤 1 台。

2. 物料

新鲜咖啡熟豆 30 g。

3. 冲煮用水

水温为 90 ℃左右。

4. 清洁工具

口布 1 块、清洁布 2 块、湿毛巾 1 块、研磨机清洁刷 1 把。（可根据实际情况调整。）

二、操作步骤

1. 备具

准备所需器具，并将虹吸壶的各个部件清洗干净，擦干备用，如图 3-2-32 至图 3-2-40 所示。

图 3-2-32　虹吸壶

图 3-2-33　上壶

图 3-2-34　下壶

图 3-2-35　过滤器

图 3-2-36　冰夹

图 3-2-37　光波炉

图 3-2-38　搅拌棒

图 3-2-39　滤布

图 3-2-40　酒精灯

2. 清洗浸泡过滤器

清洗滤布，将过滤器的滤芯部位用滤布包裹好，如图 3-2-41 所示，浸泡在热水中备用，如图 3-2-42 所示。

图 3-2-41　包裹过滤器

图 3-2-42　浸泡过滤器

3. 安装滤芯

用冰夹夹住滤芯将其放进上壶，固定上壶和滤芯的位置，确定珠链的位置在上壶中央，将珠链拉至上壶底部并挂上，切忌拉得过长，如图 3-2-43 所示。若滤芯的位置偏移上壶中心，用搅拌棒按压调整，避免滤芯与玻璃容器之间出现缝隙，使咖啡粉落到下壶，进而影响萃取质量。

4. 在下壶里加水

用少量热水润洗下壶 2～3 次，根据煮制份数确定水量，如煮两人份的量，用 20 g 咖啡粉，按照 1∶13 的粉水比例，下壶加入 260 mL 热水，如图 3-2-44 所示。用专用清洁布擦干虹吸壶外壁，防止煮制时下壶受热不均匀炸裂。

5. 研磨咖啡豆

使用咖啡量勺取咖啡豆，根据两人份的出品量称量 20 g，并进行研磨，如图 3-2-45 所示。采用中细研磨度，用咖啡粉杯装咖啡粉，如图 3-2-46 所示。

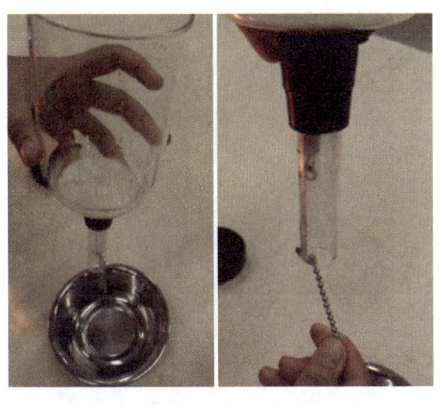
图 3-2-43 安装滤芯

图 3-2-44 加水

图 3-2-45 研磨咖啡豆

图 3-2-46 中细研磨度咖啡粉

6. 安装上壶并烧水

把上壶斜插入下壶,将下壶放在光波炉正上方,打开光波炉开关加热热水,如图 3-2-47 所示。待有连续水珠冒泡时将上壶扶正,如图 3-2-48 所示。

7. 加咖啡粉萃取

(1)加咖啡粉搅拌。待下壶里有 80% 左右的水上升至上壶时,用搅拌棒搅匀水温,同时调整火候,保持上壶里的水不持续沸腾,如图 3-2-49 所示。此时加咖啡粉入上壶,如图 3-2-50 所示。然后用搅拌棒迅速将咖啡粉压入水中,采用顺(逆)时针或 "+" 搅拌的手法,把咖啡粉均匀地混到水里,让咖啡粉和水充分接触,如图 3-2-51 所示,此为第一次搅拌。加入咖啡粉后计时 20 s 左右,进行第二次搅拌,轻柔搅拌,再计时 10 s 左右。

图 3-2-47 将上壶放入下壶并打开光波炉开关加热

图 3-2-48 扶正上壶

图 3-2-49 搅匀水温

图 3-2-50 加咖啡粉

图 3-2-51 煮制搅拌

（2）关火。加入咖啡粉后总计时 40 s 左右时将虹吸壶从光波炉上取下来，关火，如图 3-2-52 所示。

图 3-2-52 关火

（3）回流。关火后上壶里的咖啡液回流至下壶，如图 3-2-53 所示。回流时间计入萃取时间，总萃取时间建议控制在 50～60 s。回流的速度与咖啡粉研磨粗细度、咖啡粉量、水量、下壶降温速度等因素有关。若回流速度慢，可以用事先备好的湿毛巾捏住下壶和上壶接口处，如图 3-2-54 所示。这样能帮助下壶降温，使上壶中的咖啡液能迅速回流到下壶。

（4）拔出上壶。待咖啡液全部回流至下壶后，拔出上壶。拔出上壶的方式是一手握住上壶，另一手握住下壶，前后或者左右轻摇上壶，有空气流入下壶后即可轻松将上壶拔出来，如图 3-2-55 所示。

图 3-2-53　咖啡液回流　　　图 3-2-54　用湿毛巾降温　　　图 3-2-55　拔出上壶

8. 咖啡出品

煮制好的咖啡液留在下壶中，如图 3-2-56 所示。握住下壶把手，轻轻摇晃下壶使咖啡液混合均匀，如图 3-2-57 所示。把下壶中的咖啡液倒入已温过的咖啡杯内，至八分满，如图 3-2-58 所示。此步操作时，若有咖啡液或水洒出至咖啡杯外壁，需要用专用干净口布擦干净。

 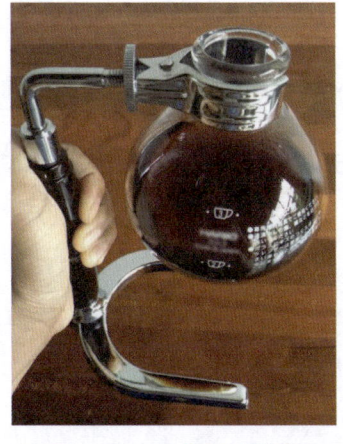 

图 3-2-56　煮制好的咖啡液　　图 3-2-57　混匀咖啡液　　图 3-2-58　从下壶倒出咖啡

9. 清洁

（1）清洁研磨机。咖啡制作完以后，应及时用清洁刷清洁研磨机出粉口、残粉盘等，用清洁布清洁研磨机机身及周围台面。

（2）清洁虹吸壶。将上壶里煮过的咖啡渣拍打松散或用搅拌棒搅散后清除，如图 3-2-59 所示。再取下上壶的珠链，如图 3-2-60 所示。取出过滤器，将滤布从滤芯上取下，如图 3-2-61 所示。用清水及时清洗滤布、滤芯、上壶、下壶等，并放置在干净通风的地方晾干；用清洁布及时擦净操作台面。

 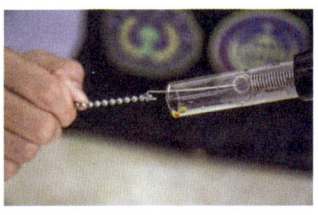 

图 3-2-59　清除咖啡渣　　图 3-2-60　取下珠链　　图 3-2-61　取下滤布

三、注意事项

1. 冲煮过程中需要注意以下几点：

（1）滤布必须浸泡并清洗干净，下壶需用热水温壶并预洗 1~2 次。

（2）煮咖啡之前下壶内使用热水，可节省煮沸时间。

（3）搅拌时动作要轻柔，带着下压力道，将浮在水面的咖啡粉压进水面，切忌频繁剧烈搅动，以免过度萃取，使咖啡味道浓烈焦苦。

（4）整个煮制过程中切忌上壶沸腾，避免因火力太大而使咖啡粉在水中翻滚，若发现上壶有沸腾的情况，则应立即调小火候。

（5）为了能在预计萃取时间内结束萃取，可用湿毛巾擦拭下壶，以缩短回流时间。

2. 加热方式除了用光波炉以外，还可以使用酒精灯加热。用酒精灯加热时，需用灯帽盖住火焰熄灭，不能用嘴吹灭。

任务 3　爱乐压冲煮咖啡

一、爱乐压简介

爱乐压是一种结构比较简单的咖啡冲煮器具，整套装置包括压筒、壶身和滤盖三个部分，为塑料材质，轻巧抗摔、耐压，便于携带，可煮出高品质的咖啡。爱乐压结合了法压壶的浸泡式萃取法和手冲咖啡的滤纸过滤法，又兼具意式咖啡的快速、加压萃取。所以理论上，爱乐压冲煮出来的咖啡，兼具意式咖啡的浓郁、手冲咖啡的纯净及法压壶冲煮咖啡的顺滑。制作时，爱乐压有正压和反压两种方法。正压的特点是注水后未下压之前会有少量的咖啡液在重力的作用下滴漏，有些类似手冲咖啡的滴滤过程；反压则不会滴漏，在滤压前都处于粉水浸泡状态，更接近法式滤压的萃取方式。

二、爱乐压咖啡的特点

采用爱乐压萃取的咖啡具有以下风味特点。

1. 丰富的风味

完全浸泡冲煮能最大限度且均匀地萃取咖啡，把咖啡风味完整地保留下来。

2. 干净柔和的滋味

爱乐压的滤纸密度高，过滤出来的咖啡非常干净，适宜的温度加上柔和的按压力度可以冲煮出低酸度、低苦味的咖啡。

3. 顺滑的口感

用爱乐压制作咖啡的萃取时间为 2 min 左右，实际滤压时间为 20 s 左右，但因有加压过程，比其他浸泡萃取方式更浓郁醇厚。

一、操作准备

1. 设备与器具

（1）设备。咖啡研磨机 1 台。

（2）器具。爱乐压 1 套、咖啡量勺 1 把、漏斗 1 个、咖啡粉杯 1 个。

（3）杯具。咖啡杯 1 个、咖啡杯碟 1 个、咖啡勺 1 把、方糖碟 1 个、纸巾碟 1 个。

（4）称量工具。电子秤 1 台。

2. 物料

新鲜咖啡熟豆 30 g、方糖 1 盒、牛奶 1 盒。

3. 冲煮用水

水温为 90 ℃左右。

4. 清洁工具

口布 1 块、清洁布 2 块、研磨机清洁刷 1 把。（可根据实际情况调整。）

二、操作步骤

1. 备具

将所需要的工具准备齐全，清洗爱乐压壶的各个部件（见图 3-2-62 至图 3-2-68），擦干备用。

图 3-2-62　整套爱乐压组件

图 3-2-63　压筒

图 3-2-64　筒身

图 3-2-65　滤网

图 3-2-66　漏斗

图 3-2-67　搅拌棒

图 3-2-68　滤纸

2. 安装滤纸

将滤纸装入滤网（见图 3-2-69），并润湿滤纸（见图 3-2-70）。

图 3-2-69 安装滤纸

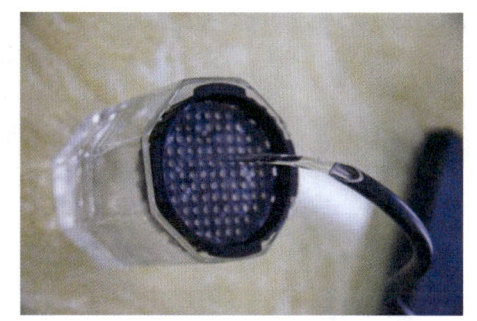

图 3-2-70 润湿滤纸

3. 称量研磨咖啡豆

使用咖啡量勺取咖啡豆,称量 20 g 进行研磨,采用中细研磨度,介于滴滤式咖啡研磨度和浓缩咖啡研磨度之间,用咖啡粉杯装咖啡粉,如图 3-2-71 所示。

4. 加粉萃取

图 3-2-71 中细研磨度咖啡粉

(1)正压。将装有滤纸的滤网安装在筒身上,如图 3-2-72 所示。将研磨好的 20 g 咖啡粉加入组装好的筒身中,如图 3-2-73 所示,侧敲筒身使咖啡粉平整,并放置在杯子上。慢慢注入 90 ℃的热水,如图 3-2-74 所示,使热水均匀地淋在咖啡粉上,水量是咖啡粉量的 2 倍左右,约 40 mL,用搅拌棒搅拌均匀,如图 3-2-75 所示,使水与咖啡粉充分融合,静置 30 s 左右,再注入 160 mL 的水,静置 1 min。将压筒安装在滤筒上,缓缓向下按压压筒进行滤压,如图 3-2-76 所示,滤压时间约 30 s 即完成萃取。

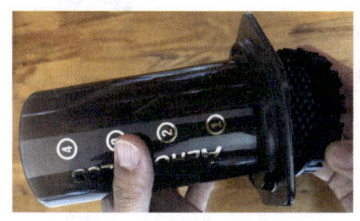

图 3-2-72 组装滤网

图 3-2-73 加入咖啡粉

(2)反压。将压筒放入筒身,如图 3-2-77 所示,并倒置放在电子秤上,如图 3-2-78 所示。倒入研磨好的咖啡粉,如图 3-2-79 所示,注入 90 ℃热水,如图 3-2-80 所示;用搅拌棒轻柔地搅拌,如图 3-2-81 所示,静置 1 min,如图 3-2-82 所示。盖上滤网,如图 3-2-83 所示,用咖啡杯套住滤网部分后翻转爱乐压,如图 3-2-84 所示,滤纸和滤盖朝下,向下按压压筒进行滤压,滤压 30 s 左右即完成萃取,如图 3-2-85 所示。

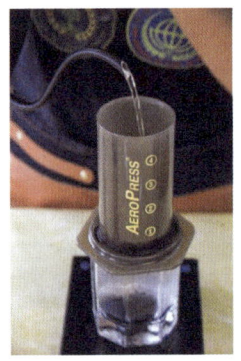
图 3-2-74　注水

图 3-2-75　搅拌咖啡粉

图 3-2-76　滤压

图 3-2-77　组装爱乐压

图 3-2-78　倒置爱乐压

图 3-2-79　倒入咖啡粉

图 3-2-80　注水

图 3-2-81　搅拌均匀

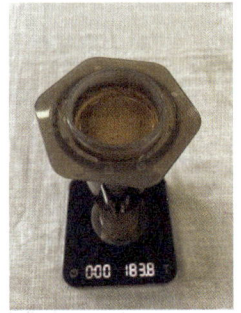
图 3-2-82　浸泡静置

图 3-2-83　盖上滤网

图 3-2-84　用咖啡杯套住滤网

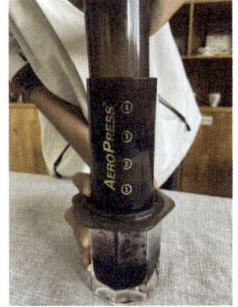
图 3-2-85　滤压

5. 咖啡出品

取下爱乐压，即可得到萃取好的咖啡液，如图3-2-86所示，再将咖啡液倒入咖啡杯，即可品饮，如图3-2-87所示。此步操作中若有咖啡液或水洒出至咖啡杯外壁，需要用专用干净口布擦干净。

图3-2-86　咖啡液

图3-2-87　咖啡出品摆放方式

6. 清洁

（1）清洁研磨机。咖啡制作完以后，应及时用清洁刷清洁研磨机出粉口、残粉盘等结构，用清洁布清洁研磨机机身及周围台面。

（2）清洁爱乐压。拧开滤网，取出滤纸及咖啡渣，先用清水冲洗筒身和滤网内的咖啡渣，再用专用的清洁布擦洗各个部件，最后放置在通风、干净的地方晾干。

（3）用专用清洁布将操作台面擦干净，随时保持操作台面干净，无水渍、咖啡液渍和咖啡粉渍。

三、注意事项

1. 爱乐压的筒身口比较窄，倒入咖啡粉时需借助漏斗，切忌把咖啡粉撒到壶口边缘，以免影响滤网密封性。

2. 滤压过程中会产生阻力，如果按压很困难，说明咖啡粉太细；如果很轻松就能按压下去，则可能是咖啡粉太粗。当水被完全推出后，会发出嘶嘶的声音，表示咖啡萃取完成。

任务4 摩卡壶冲煮咖啡

一、摩卡壶简介

摩卡壶也称为意式摩卡壶，是一种用于萃取高浓度咖啡的器具，是咖啡店用来制作单品咖啡的器具之一，曾在欧洲和拉丁美洲等国家普遍使用。

意式摩卡壶冲煮咖啡的原理是：利用压力使下壶中的水在加热的情况下产生水蒸气，水蒸气上升经过填满咖啡粉的粉碗，蒸馏出咖啡的精华，经引流管流入上壶，在上壶中冷却，从而萃取出香浓的咖啡。摩卡壶的压强为 2~3 bar，能萃取出少量非水溶性油脂及芳香物质，增加醇厚度和质感，故摩卡壶以出品温度高、浓度高、快速而受到欢迎。但摩卡壶像一只高压锅，需按规程操作，不然会有一定的危险。此外，摩卡壶煮咖啡时，粉水比例很难掌控，慢慢地被很多咖啡师放弃。由于意式摩卡壶的规格和样式很多，加热意式摩卡壶可选用咖啡炉具和电磁炉等，关键是要能控制火候大小的加热工具。

二、摩卡壶煮咖啡的过程分析

意式摩卡壶煮咖啡可分为三个阶段。

第一阶段为预浸泡。开始时用大火加热，加速水的升温速度，空气部分受热膨胀，产生压力，水经由咖啡粉槽的导水管到达咖啡粉碗。咖啡粉浸水后迅速膨胀，结成咖啡粉饼。打开壶盖有少量咖啡液流出，上壶能听到咻咻声，为让咖啡粉与水充分接触，此时应适当减小火候，让咖啡粉和水有充分接触的时间，避免大量的水快速通过咖啡粉流至上壶，导致萃取不足。

第二阶段为萃取。第一阶段预浸泡时间保持约 30 s，将火力适当调大，下壶压力增加至与咖啡粉饼阻力平衡时，开大火，让下壶压力超过此平衡点，在持续的大火力作用下，让水迅速通过咖啡粉饼，得到萃取完全和味道均衡的咖啡液。此时能够听到咕噜声，上壶里几乎没有咖啡液体流出时立即关火。

第三阶段为静置养壶。关火后，还会有少量液体在余温的作用下慢慢流出，此时需要在炉子上停留 30 s 左右。这样的制作过程，能够制作出均衡浓郁的咖啡，若此时立即晃动下壶，下壶的压力会持续增加，仍有水通过粉碗，造成过度萃取。再将摩卡壶从炉子上取下静置 30 s 左右，让咖啡液混合混匀，使咖啡口感柔和均匀。

一、操作准备

1. 设备与器具

（1）设备。咖啡研磨机 1 台。

（2）器具。摩卡壶 1 套、加热炉 1 台、咖啡量勺 1 把、咖啡粉杯 1 个。

（3）杯具。咖啡杯 1 个、咖啡杯碟 1 个、咖啡勺 1 把、方糖碟 1 个、奶杯 1 个。

（4）称量工具。电子秤 1 台。

2. 物料

新鲜咖啡熟豆 30 g、方糖 1 盒、牛奶 1 盒。

3. 冲煮用水

水温为 90 ℃左右。

4. 清洁工具

口布 1 块、清洁布 2 块、研磨机清洁刷 1 把。（可根据实际情况调整。）

二、操作步骤

1. 备具

准备摩卡壶，如图 3-2-88 所示，把摩卡壶各个部件清洗干净，擦干备用，如图 3-2-89 至图 3-2-93 所示。提前把冲煮用水烧好。

2. 研磨咖啡豆

根据摩卡壶的容量大小，使用咖啡量勺取咖啡豆，称 15 g 进行研磨，用咖啡粉杯装咖啡粉，如图 3-2-94 所示，采用细度研磨，如图 3-2-95 所示。

3. 加水

将热水注入清洗好的摩卡壶下壶，高度不要超过泄压阀，如图 3-2-96 所示。

图 3-2-88　准备摩卡壶

图 3-2-89　上壶

图 3-2-90　上壶液出口

图 3-2-91　下壶

图 3-2-92　咖啡粉碗

图 3-2-93　滤纸

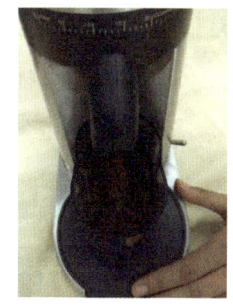
图 3-2-94　研磨咖啡豆

图 3-2-95　细度研磨的咖啡粉

图 3-2-96　加热水至下壶

4. 装咖啡粉

将咖啡粉装入咖啡粉碗内至满杯，侧敲咖啡粉碗，使咖啡粉分布平整，如图 3-2-97 所示，用压板轻轻压平咖啡粉。清除咖啡粉碗边缘的咖啡粉，否则会影响上座橡胶圈的使用寿命。

5. 安装滤纸

将打湿的滤纸贴在上座滤网处，如图 3-2-98 所示。

图 3-2-97　加入咖啡粉　　　　图 3-2-98　贴放滤纸

6. 组装上下壶

将咖啡粉碗放入下壶，如图 3-2-99 所示。一手扶住下壶，一手旋上上壶，组装上下壶，如图 3-2-100 所示。

图 3-2-99　将咖啡粉碗放入下壶　　　　图 3-2-100　组装上下壶

7. 煮制萃取

将摩卡壶放置在炉子上加热煮制，如图 3-2-101 所示，当听到嘶嘶声并看到有少量咖啡液流出时转成小火，避免咖啡液快速流出。当声音变成咕噜声时，表明下壶的水通过咖啡粉缓慢升至上壶。当咕噜声消失后，可打开上盖查看，没有咖啡液流出时，表示萃取完成，如图 3-2-102 所示。关火，先让摩卡壶在炉子上静置 30 s，取下来后再放置在桌面上静置 30 s。

8. 咖啡出品

把摩卡壶里的咖啡倒至已温过的咖啡杯中，如图 3-2-103 所示，配上咖啡勺、咖啡杯碟，可直接饮用，也可配上方糖和牛奶等辅料再饮用，如图 3-2-104

所示。此步操作若有咖啡液或水溢出至咖啡杯外壁，需要用专用干净口布擦干净，要确保使用的器具都干净整洁。

图 3-2-101　加热煮制

图 3-2-102　萃取完成

图 3-2-103　倒出咖啡液

图 3-2-104　摩卡壶出品咖啡摆放方式

9. 冲煮效果视觉检查

通过观察咖啡粉碗内咖啡粉饼的状态可以判断萃取均匀程度。等咖啡壶冷却后，拧开上壶，观察咖啡粉碗内的咖啡粉饼。若咖啡粉饼形状完整，没有塌陷和空洞，用手指按压咖啡粉饼时，是密实和稍有弹性的，如图 3-2-105 所示，说明萃取比较均匀。如果咖啡粉饼有塌陷和孔洞且呈松散状，如图 3-2-106 所示，说明萃取不均匀。

10. 清洁

（1）清洁研磨机。咖啡制作完以后，应及时用清洁刷清洁研磨机出粉口、残粉盘等，用清洁布清洁研磨机机身及周围台面。

图 3-2-105　咖啡粉饼形状完整

图 3-2-106　咖啡粉饼塌陷

（2）清洁摩卡壶。使用结束，清除咖啡粉碗内的咖啡渣，用清水冲洗各个部件，再用清洁布擦洗，特别是上壶和咖啡粉碗内会附着有咖啡油脂，需要认真擦洗。将清洗后的各个部件放置在洁净通风处晾干。

（3）用专用清洁布将操作台面擦干净，随时保持操作台面干净，无水渍、咖啡液渍和咖啡粉渍。

三、注意事项

1. 下壶中的水量一定不能超过泄压阀。
2. 为避免烧坏摩卡壶外表面，火源面积勿超出壶底面积。
3. 装填咖啡粉时，稍微压平表面即可，切勿过度填压，以免导致过度萃取。

任务 5　越南壶冲煮咖啡

知识准备

一、越南壶简介

越南壶属于滴漏式萃取器具，由壶身、过滤压板和壶盖三部分组成。越南人喜欢用深度烘焙的咖啡豆制作咖啡，在制作时加入奶油调味，伴有浓浓的奶油香味。越南壶是兼顾环保与实用的器具，携带方便；其缺点是过滤压板底部的滤孔较大，直接过滤时会带出一小部分咖啡粉，影响口感。

二、越南咖啡的特点

越南咖啡的制作方式是把咖啡豆研磨成极细的咖啡粉末，放入壶身内，用过滤压板略微压平，通过壶内的金属柱旋转压紧咖啡粉，将越南壶放置在咖啡杯上，向咖啡粉里注入热水，咖啡液便会缓慢地滴入杯中。通常会在咖啡杯里加入炼乳，等咖啡过滤完后，把咖啡液和炼乳搅拌混合再饮用。滴完一杯咖啡大约要用 10 min，这么长的时间往往会导致咖啡变凉，所以制作热咖啡时需把杯子架在一个加满开水的容器里保温。若是喜欢喝冰咖啡，则无需保温，直接在杯子里加入适量冰块即可，但需要提高咖啡液的萃取浓度。

一、操作准备

1. 设备与器具

（1）设备。咖啡研磨机 1 台。

（2）器具。越南壶 1 套、手冲壶 1 把、咖啡量勺 1 把、咖啡粉杯 1 个。

（3）杯具。咖啡杯 1 个、咖啡杯碟 1 个、咖啡勺 1 把、方糖碟 1 个、奶杯 1 个。

（4）称量工具。电子秤 1 台。

2. 物料

新鲜咖啡熟豆 30 g、炼乳 1 瓶、冰块适量。

3. 冲煮用水

水温为 90 ℃左右。

4. 清洁工具

口布 1 块、清洁布 2 块、研磨机清洁刷 1 把。（可根据实际情况调整。）

二、操作步骤

1. 备具

将越南壶的各个部件清洗干净，擦干备用，如图 3-2-107 至图 3-2-109 所示。

2. 称量研磨咖啡豆

根据出品量，使用咖啡量勺取咖啡豆，称量 15 g 并进行研磨。采用细度研磨度，用咖啡粉杯装研磨好的咖啡粉，如图 3-2-110 所示。

图 3-2-107　壶身

图 3-2-108　过滤压板

图 3-2-109　壶盖

图 3-2-110　细度研磨的咖啡粉

3. 加炼乳和冰块

在咖啡杯中加入炼乳及冰块备用，如图 3-2-111、图 3-2-112 所示。

图 3-2-111　加炼乳

图 3-2-112　加冰块

4. 加粉萃取

（1）加粉。将咖啡粉加入越南壶中，一人份约 15 g，侧敲壶身，把咖啡粉略微抖平，将越南壶放在装有炼乳和冰块的咖啡杯上，如图 3-2-113 所示。

（2）注水。在咖啡粉中注入少量热水进行预浸泡，水量是咖啡粉量的 2 倍左右，如图 3-2-114 所示。旋上过滤压板，如图 3-2-115 所示，继续加入目标水量（见图 3-2-116）约 100 mL，两次总注水量为 150 mL 左右。加了冰块和炼乳，会把咖啡浓度稀释，所以采用 1∶10 左右的粉水比例。若是不加冰，可以增大粉水比例，降低咖啡浓度会更适口。粉水比例不是固定的，通常根据对咖啡浓淡的喜好进行灵活调整。

图 3-2-113　加咖啡粉

图 3-2-114　注水

图 3-2-115　旋上过滤压板

图 3-2-116　注水

5. 咖啡出品

当咖啡液全部滴完以后取下越南壶，用咖啡勺将咖啡搅拌均匀即可饮用，如图 3-2-117 所示。此步操作中若有咖啡液或水洒出至咖啡杯外壁，需要用专用干净口布擦干净。

6. 清洁

（1）清洁研磨机。咖啡制作完以后应及时用清洁刷清洁研磨机出粉口、残粉盘等，用清洁布清洁研磨机机身及周围台面。

（2）清洁越南壶。使用结束，将越南壶

图 3-2-117　搅拌越南咖啡

里煮过的咖啡渣清除，用清水冲洗各个部件，再用清洁布擦洗，清洗后放置在干净通风的地方晾干。

（3）用清洁布将操作台面擦干净，随时保持操作台面干净，无水渍、咖啡液渍和咖啡粉渍。

三、注意事项

1. 过滤压板的松紧会影响到萃取速度和咖啡浓淡。通常，旋得越紧，萃取时间越长，咖啡越浓；反之，旋得越松，萃取时间越短，咖啡越淡。

2. 在制作时要先对咖啡粉进行预浸泡，使咖啡粉与水充分接触，保证能充分萃取有效成分。

任务6 土耳其壶冲煮咖啡

一、土耳其壶简介

土耳其壶的结构简单，主要由壶身和一个长直手柄组成。壶身上端边缘突出一个倾液嘴以方便倒出咖啡液，长直手柄的设置是为了防止烫手，大多使用木质材质，壶身材质多为黄铜，没有过滤装置。土耳其壶虽然比较简单，但它是最接近咖啡本色的器具，在咖啡最初流通于阿拉伯世界的时期，对咖啡的传播起到了重要作用。

二、土耳其壶煮咖啡的特点

土耳其壶煮咖啡是比较原始的咖啡冲煮方法之一，使用极细研磨的咖啡粉与水混合进行直接加热萃取。除了使用常规的炉子加热以外，土耳其壶比较特别的加热方式是用沙子煮制，也称之为沙煮咖啡。沙子是一种热传导性能非常好的材料，它可以将热量均匀地传递到咖啡粉中，从而使咖啡粉充分地释放出香气和味道。煮制时，首先需要将沙子放在有火的炒锅上加热至适当的温度，再将土耳其壶裹在沙子里加热，让其与沙子充分接触，进行均匀萃取。土耳其壶的优点在于可以制作出口感醇厚、香味浓郁的咖啡，而且制作过程简单、易于掌握；与传统的滴漏咖啡相比，制作过程中不需要滤纸，能更好地保留咖啡的香气和味道。

制作结束大部分咖啡粉都会沉淀在土耳其壶底部，但因为不过滤咖啡渣，品尝时会喝到一些细微的咖啡粉末，这也是土耳其咖啡最大的特色。

任务实施

一、操作准备

1. 设备与器具

（1）设备。咖啡研磨机 1 台。

（2）器具。土耳其壶 1 个、咖啡量勺 1 把、酒精灯 1 台、木质搅拌棒 1 个、支架 1 个、手冲壶 1 把。

（3）杯具。咖啡杯 1 个、咖啡杯碟 1 个、咖啡勺 1 把。

（4）称量工具。电子秤 1 台。

2. 物料

新鲜咖啡熟豆 30 g。

3. 冲煮用水

水温为 90 ℃左右。

4. 清洁工具

口布 1 块、清洁布 2 块、研磨机清洁刷 1 把。（可根据实际情况调整。）

二、操作步骤

1. 备具

清洗土耳其壶（见图 3-2-118），擦干备用；往酒精灯（见图 3-2-119）中加入酒精；清洁土耳其壶支架（见图 3-2-120）。

图 3-2-118　土耳其壶　　　图 3-2-119　酒精灯　　　图 3-2-120　土耳其壶支架

2. 称量咖啡豆并研磨

用咖啡量勺取出咖啡豆，称取约 15 g，如图 3-2-121 所示，使用研磨机进行研磨，采用极细研磨度，得到的咖啡粉如图 3-2-122 所示。

图 3-2-121 称量咖啡豆　　图 3-2-122 极细研磨度咖啡粉

3. 萃取

将土耳其壶支架放在酒精灯外并点燃酒精灯,如图 3-2-123 所示。把土耳其壶放置在土耳其壶支架上,在壶内加入 140 mL 水进行加热,如图 3-2-124 所示。待水温约为 85 ℃时加入咖啡粉,如图 3-2-125 所示。随即搅拌均匀,如图 3-2-126 所示,让粉水充分接触。在即将沸腾前,表面会出现一层金黄色的泡沫,泡沫逐渐增多并迅速上涌,如图 3-2-127 所示,此时要立即将火调小慢煮 1 min 左右,待咖啡逐渐浓稠,即可关火。

图 3-2-123 点火　　图 3-2-124 加水　　图 3-2-125 加入咖啡粉　图 3-2-126 搅拌

4. 出品

关火萃取后静止放置 2 min 左右,如图 3-2-128 所示。待咖啡渣沉淀在壶底后,壶中会形成三层,从上到下分别是泡沫、咖啡液和咖啡渣,轻轻地将咖啡液倒出,如图 3-2-129 所示,即可得到浓香的咖啡,如图 3-2-130 所示。此步操作中若有咖啡液或水洒出至咖啡杯外壁,需要用专用干净口布擦干净。

5. 清洁

(1) 清洁研磨机。咖啡制作完以后应及时用清洁刷清洁研磨机出粉口、残粉盘等，用清洁布清洁研磨机机身及周围台面。

（2）清洁土耳其壶。使用结束，将土耳其壶里煮过的咖啡渣清除，用清水冲洗各部件，再用清洁布擦洗，清洗后放置在洁净通风处晾干。

（3）用清洁布将操作台面擦干净，随时保持操作台面干净，无水渍、咖啡液渍和咖啡粉渍。

图 3-2-127　产生泡沫　　　　图 3-2-128　关火静置

图 3-2-129　倒出咖啡液　　　　图 3-2-130　土耳其咖啡

三、注意事项

1. 如用沙子煮咖啡，需要选择热传导性能好、无杂质的沙子。

2. 当咖啡液表面少量冒泡时，就需要将火候调小，若等沸腾时再调整，容易导致咖啡液溢出。

任务 7　法压壶冲煮咖啡

一、法压壶简介

法压壶又叫法国压、法式滤压壶，它是一种简易、轻巧、方便的冲煮器具，在家庭、办公室及旅行中被广泛使用。它还被广泛应用在茶叶的冲泡中，故也称为冲茶器。

二、法压壶制作咖啡的特点

法压壶采用浸泡的方式让水与咖啡粉全面接触，用搅拌棒充分搅拌均匀后盖上壶盖进行滤压萃取，是一种浸泡后再滤压的冲煮方法，类似杯测，不同的是用滤压组件把咖啡液与咖啡渣分开。它的优点是采用金属滤网，在冲泡过程中金属滤网能让咖啡油脂随着咖啡液一起过滤，能较好地还原咖啡原本的味道；缺点是金属滤网过滤时会带出一部分细粉末，咖啡液里会混有少量咖啡渣。

一、操作准备

1. 设备与器具

（1）设备。咖啡研磨机 1 台。

（2）器具。法压壶 1 套、咖啡量勺 1 把、木质搅拌棒 1 个、咖啡粉杯 1 个、手冲壶 1 把。

（3）杯具。咖啡杯 1 个、咖啡杯碟 1 个、咖啡勺 1 把。

（4）称量工具。电子秤 1 台。

2. 物料

新鲜咖啡熟豆 30 g。

3. 冲煮用水

水温为 90 ℃左右。

4. 清洁工具

口布 1 块、清洁布 2 块、研磨机清洁刷 1 把。（可根据实际情况调整。）

二、操作步骤

1. 备具

准备法压壶，如图 3-2-131 所示。将法压壶的各个部件清洗干净，擦干备用，如图 3-2-132、图 3-2-133 所示。

2. 温壶

将烧开的热水装入手冲壶备用，用热水温洗法压壶壶身，如图 3-2-134 所示。

图 3-2-131　法压壶

图 3-2-132　壶身

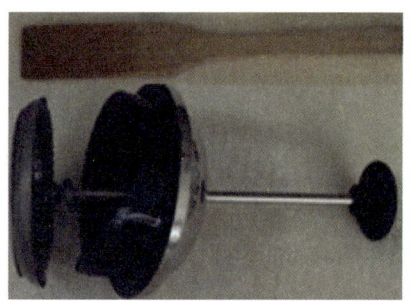
图 3-2-133　滤压组件

3. 研磨咖啡豆

用咖啡量勺取出咖啡豆，称取 20 g 并进行研磨，如图 3-2-135 所示，采用粗研磨度，如图 3-2-136 所示。

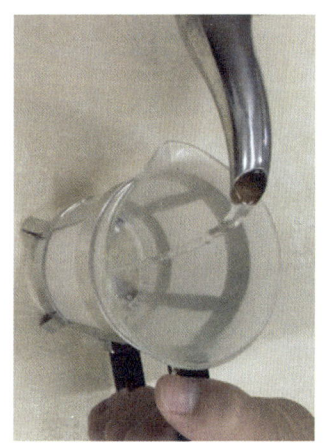
图 3-2-134　温洗壶身

图 3-2-135　研磨咖啡粉

图 3-2-136　粗研磨度咖啡粉

4. 咖啡萃取

将 20 g 咖啡粉放入壶中，如图 3-2-137 所示；用细嘴壶将热水注入壶内的咖啡粉上，水量为 100 mL 左右，如图 3-2-138 所示，用搅拌棒把咖啡粉搅拌均匀，使之与水充分融合，如图 3-2-139 所示，搅拌时动作应轻柔，不宜剧烈搅动；再注水约 100 mL，如图 3-2-140 所示。

5. 咖啡滤压

注水后盖上滤压组件，不要下压，静置浸泡，如图 3-2-141 所示，静置 3 min 左右，缓缓压下压杆进行滤压，下压保持匀速，如图 3-2-142 所示。

6. 咖啡出品

把下壶里的咖啡液倒入已温过的咖啡杯中至八分满，如图 3-2-143 所示。

图 3-2-137　加粉　　图 3-2-138　注水　　图 3-2-139　搅拌　　图 3-2-140　再注水

图 3-2-141　静置浸泡　　图 3-2-142　滤压　　图 3-2-143　倒出咖啡液

7. 清洁

（1）清洁研磨机。咖啡制作完以后应及时用清洁刷清洁研磨机出粉口、残粉盘等，用清洁布清洁研磨机机身及周围台面。

（2）清洁法压壶。使用结束，将壶里煮过的咖啡渣拍打松散或用搅拌棒搅散后清除。然后立即用清水清洗干净，壶身内容易附着咖啡油脂，需用专用清洁布擦洗，并将滤压组件与壶身分开放置，滤压组件的金属滤网部分可以拆下来清洗，待完全晾干后再组合存放。

（3）用专用清洁布将操作台面擦干净，随时保持操作台面干净，无水渍、咖啡液渍和咖啡粉渍。

三、注意事项

咖啡制作结束，若想让口感更均衡，在正式品尝之前，先将咖啡液倒入分享壶里混匀，再分开倒至咖啡杯里品尝。但这样操作有降低咖啡温度的风险，品尝时可以根据实际情况酌情增减这一操作步骤。

任务 8　皇家比利时壶冲煮咖啡

一、皇家比利时壶简介

皇家比利时壶又名维也纳皇家咖啡壶、平衡式塞风壶,早在 19 世纪中期,它便成为欧洲各国皇室的御用咖啡壶。为了彰显皇家气派,比利时工匠费心打造了这种造型优雅的壶具。

二、皇家比利时壶冲煮咖啡的特点

皇家比利时壶结合了火、蒸汽、压力和重力等自然的力量,使得皇家比利时壶的操作更具观赏性,而且因其工作原理特别,使得整个咖啡制作过程的趣味性比较强。

一、操作准备

1. 设备与器具

(1)设备。咖啡研磨机 1 台。

(2)器具。皇家比利时壶 1 套、咖啡量勺 1 把、酒精灯 1 台、木质搅拌棒 1 个、咖啡粉杯 1 个、手冲壶 1 把。

(3)杯具。咖啡杯 1 个。

(4)称量工具。电子秤 1 台。

2. 物料

新鲜咖啡熟豆 30 g。

3. 冲煮用水

水温为 90 ℃左右。

4. 清洁工具

口布 1 块、清洁布 2 块、研磨机清洁刷 1 把。(可根据实际情况调整。)

二、操作步骤

1. 备具

准备皇家比利时壶，如图3-2-144所示。检查各个部件，确认完整完好可使用，如图3-2-145至图3-2-152所示。将皇家比利时壶的各个部件进行清洗，擦干备用。

图3-2-144 皇家比利时壶

图3-2-145 咖啡粉杯

图3-2-146 支架（平衡重力锤）

图3-2-147 盛水器

图3-2-148 酒精灯

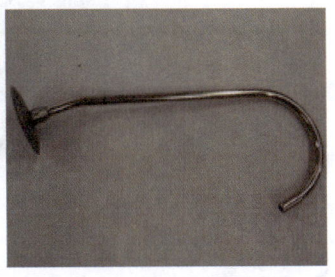

图3-2-149 虹吸管

图 3-2-150　注水口　　　图 3-2-151　开关　　　图 3-2-152　阀门

2. 检查虹吸管通水情况

将虹吸管的过滤器一端对着水龙头冲水，若虹吸管另一端出水，则说明虹吸管通水，能正常使用，如图 3-2-153 所示。

3. 研磨咖啡豆

称量 20 g 咖啡豆进行研磨，一般采用细研磨度，如图 3-2-154 所示。

图 3-2-153　检查虹吸管　　　图 3-2-154　研磨咖啡豆

4. 装咖啡粉

在咖啡粉杯中加入咖啡粉，如图 3-2-155 所示。轻拍咖啡粉杯侧面将咖啡粉布平，将咖啡粉杯放入支架，如图 3-2-156 所示。

图 3-2-155　加入咖啡粉　　　图 3-2-156　安装咖啡粉杯

5. 安装虹吸管

在盛水器上安装虹吸管，如图 3-2-157 所示，确保连接处密封不漏气。

6. 检查水龙头开关

确认盛水器水龙头已关闭,打开注水口的阀门,从注水口加入 300 mL 热水,如图 3-2-158 所示,拧紧阀门。

7. 点火加热

将酒精灯置于盛水器底部,打开灯帽,卡住盛水器外侧,点燃酒精灯加热,如图 3-2-159 所示。

图 3-2-157 安装虹吸管

图 3-2-158 加水

图 3-2-159 点火加热

8. 咖啡萃取

当盛水器中的水加热后,通过虹吸管流入咖啡粉杯,与咖啡粉接触,开始煮制,如图 3-2-160 所示,此阶段盛水器的重量慢慢减轻,高度上升,等盛水器里的水全部流入咖啡粉杯后,酒精灯盖会自动关闭(杠杆原理)。当盛水器温度下降后,咖啡粉杯中的咖啡液经虹吸管回流至盛水器。这是一个自动煮制过程,趣味性较强。

9. 盛接咖啡液

当咖啡粉杯中的咖啡液全部回到盛水器后,旋开盛水器顶部的阀门,如图 3-2-161 所示。打开盛水器下的水龙头,接出香浓的咖啡,如图 3-2-162 所示。此步操作中若有咖啡液或水洒出至咖啡杯外壁,需要用专用干净口布擦干净。

图 3-2-160 煮制

图 3-2-161 旋开阀门

图 3-2-162 接咖啡液

10. 清洁

（1）清洁研磨机。咖啡制作完以后应及时用清洁刷清洁研磨机出粉口、残粉盘等，用清洁布清洁研磨机机身及周围台面。

（2）皇家比利时壶清洁。使用结束，待冷却后，取下咖啡粉杯、虹吸管、盛水器等部件，将虹吸管、盛水器用清水冲洗干净即可，咖啡粉杯需用专用清洁布反复擦洗，再冲洗干净。

（3）用专用清洁布将操作台面擦干净，随时保持操作台面干净，无水渍、咖啡液渍和咖啡粉渍。

三、注意事项

1. 在酒精灯中添加酒精时，添置五分满即可，熄灭酒精灯时不能用嘴吹灭。
2. 接咖啡液时，拧水龙头的动作要轻柔。
3. 注水阀门处要密封，但不要拧得过紧，以免下次旋开时不易操作或损坏。
4. 咖啡煮好后在旋开阀门时，可使用湿毛巾包裹着旋开，以免烫伤。

课程 3　压力式咖啡机制作咖啡

压力式咖啡机的原理是利用高压水蒸气通过咖啡粉萃取出带有油脂的咖啡液。这种萃取方式以其独特的工作原理、高效的制作方式和优质的咖啡品质，广受消费者的喜爱。无论是家庭、办公室还是咖啡店，都是压力式咖啡机的理想使用场所。

任务 1　半自动咖啡机制作咖啡

知识准备

一、半自动咖啡机简介

半自动咖啡机是利用高温高压快速制作咖啡的机器，需人工操作磨粉、装粉、压粉、冲泡、清除残渣。它的原理是采用高压蒸汽和水的混合物快速穿过咖啡粉层，瞬间萃取出咖啡，萃取出来的咖啡称为意式浓缩咖啡。这样萃取出来的咖啡温度高,咖啡因含量低,口感浓郁。意式浓缩咖啡的风味不仅与咖啡豆的品质有关,还与咖啡师的技术和咖啡机的性能有关。一台性能完善的半自动咖啡机应具备恒定的萃取水温、稳定的泵压及恒压且干燥的蒸汽。

二、半自动咖啡机的结构及功能介绍

半自动咖啡机的外部结构如图3-3-1所示,常用结构的功能介绍如下。

图3-3-1 半自动咖啡机的外部结构

1—手动打奶泡(沫)蒸汽旋钮 2—自动打奶泡(沫)蒸汽旋钮 3—蒸汽管 4—开关 5—温杯盘 6—咖啡冲煮头 7—单份短萃取键 8—双份短萃取键 9—手动萃取键 10—单份长萃取键 11—双份长萃取键 12—滤水盘 13—热水出水口 14—水位表 15—压力表 16—显示屏

1. 蒸汽旋钮

蒸汽旋钮是用于控制蒸汽的开关。机器左侧为手动打奶泡(沫)蒸汽旋钮,如图3-3-2所示,旋转可以控制蒸汽的大小,逆时针方向为关,顺时针方向为开。机器右侧为自动打奶泡(沫)蒸汽旋钮,如图3-3-3所示,蒸汽大小稳定。

2. 蒸汽管

蒸汽管是用于喷蒸汽的金属管,喷出的蒸汽可在短时间内加热牛奶,能将牛奶制作成奶泡(沫)。蒸汽管末端的蒸汽头上有出蒸汽的孔,常见的有三孔蒸汽头(见图3-3-4)和四孔蒸汽头(见图3-3-5)。蒸汽管上带有一个橡胶隔热圈防止烫伤,如图3-3-6所示。

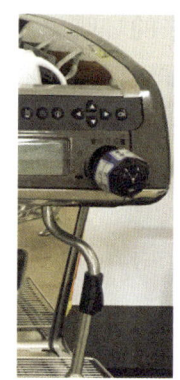

图 3-3-2　手动打奶泡（沫）蒸汽旋钮　　图 3-3-3　自动打奶泡（沫）蒸汽旋钮

图 3-3-4　三孔蒸汽头　　　　图 3-3-5　四孔蒸汽头　　　　图 3-3-6　橡胶隔热圈

3. 温杯盘

温杯盘用于放置并预热洗干净的咖啡杯、碟，确保装咖啡液时有基础温度，咖啡杯放置到温杯盘之前需洗净并擦干，如图 3-3-7 所示。

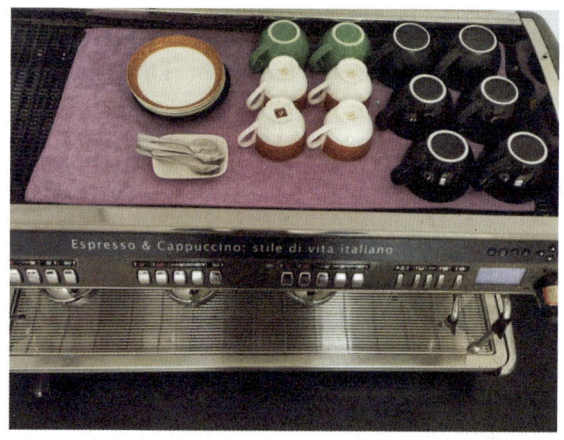

图 3-3-7　温杯盘

4. 咖啡冲煮头

咖啡冲煮头用来冲煮咖啡，如图 3-3-8 所示。

5. 萃取键

萃取键是萃取咖啡时控制咖啡冲煮头出水量的按键，可根据出品量的需要调整出水程序。一般半自动咖啡机上会有五个萃取键，中间位置的按钮是手动萃取键，另外四个从左到右分别是单份短萃取键（一小杯）、双份短萃取键（两小杯）、单份长萃取键（一大杯）、双份长萃取键（两大杯），如图3-3-9所示。

图3-3-8 咖啡冲煮头

图3-3-9 萃取键

6. 热水出水口

热水出水口用于出热水，常用于温杯。

7. 压力表

压力表显示半自动咖啡机在正常开机状态时锅炉里的水蒸气压力（0.8~1.5 bar，1 bar=10^5 Pa），和萃取咖啡时的压力（7~9 bar）。

8. 显示屏

显示屏主要显示温度、萃取时间等信息。

9. 开关

开关用于控制半自动咖啡机的开关。

10. 滤水盘

清洗咖啡冲煮头的水可以从滤水盘排出。半自动咖啡机每天使用结束后必须将滤水盘取下来清洗。

三、半自动咖啡机配套设备及器具

半自动咖啡机是咖啡店必备的专业设备。为保证咖啡机的正常工作，使用时必须配备相应的辅助设备，主要有以下几种。

1. 意式咖啡研磨机

半自动咖啡机萃取咖啡时采用高温、高压、快速萃取，对咖啡研磨有特殊要求，要能够快速地把咖啡豆研磨成均匀的细粉，保证所萃取咖啡的品质、口感及风味。意式咖啡研磨机的功率越高，研磨速度越快，咖啡停留在磨盘锯齿间的时间越短，研磨出的咖啡粉温度越低。意式咖啡研磨机主要有手动拨粉意式咖啡研磨机和数控定量意式咖啡研磨机，使用方式参见"模块3课程1任务2咖啡研磨"。

2. 布粉器
布粉器用于将咖啡粉面分布平整，如图3-3-10所示。

3. 粉锤
粉锤的两头造型不同，平整的一面用来将咖啡粉填压平整，如图3-3-11所示，通常用防滑转角垫来放置，如图3-3-12所示。

图 3-3-10　布粉器

图 3-3-11　粉锤

图 3-3-12　防滑转角垫

4. 磕渣盒
磕渣盒用于存放咖啡把手粉碗内的咖啡渣，中间设置带有胶圈的横档，便于把粉槽里压紧的咖啡渣磕出来，如图3-3-13所示。

5. 接粉杯
接粉杯如图3-3-14所示，取粉时将其放在咖啡手柄的粉碗上，用于协助接粉，避免咖啡粉飞洒。

6. 咖啡量杯
咖啡量杯用于测量萃取后咖啡液的体积，便于评估咖啡液的浓度，如图3-3-15所示。

图 3-3-13　磕渣盒

图 3-3-14　接粉杯

图 3-3-15　咖啡量杯

7. 咖啡浓度测试仪

咖啡浓度测试仪也称为萃取分析器，是检测咖啡浓度的仪器，如图 3-3-16 所示。

8. 电子秤

电子秤用于称量咖啡豆或者咖啡液的质量，如图 3-3-17 所示。

9. 意式浓缩咖啡杯

意式浓缩咖啡杯的容量为 60～90 mL，是出品意式浓缩咖啡的专用杯，如图 3-3-18 所示。

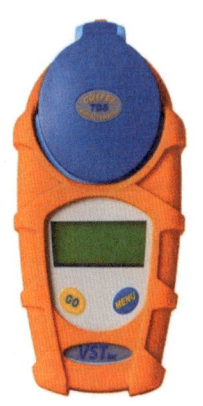  

图 3-3-16　咖啡浓度测试仪　　图 3-3-17　电子秤　　图 3-3-18　意式浓缩咖啡杯

10. 咖啡手柄

咖啡手柄分单柄（见图 3-3-19）和双柄（见图 3-3-20）两种，主要由手把（见图 3-3-21）、粉碗（见图 3-3-22）和出液杯嘴（见图 3-3-23）三个部分组成。单柄在制作单份咖啡时使用，填粉量为 7～9 g；双柄在制作两杯咖啡时使用，填粉量为 18～22 g。

图 3-3-19　单柄咖啡手柄　　图 3-3-20　双柄咖啡手柄

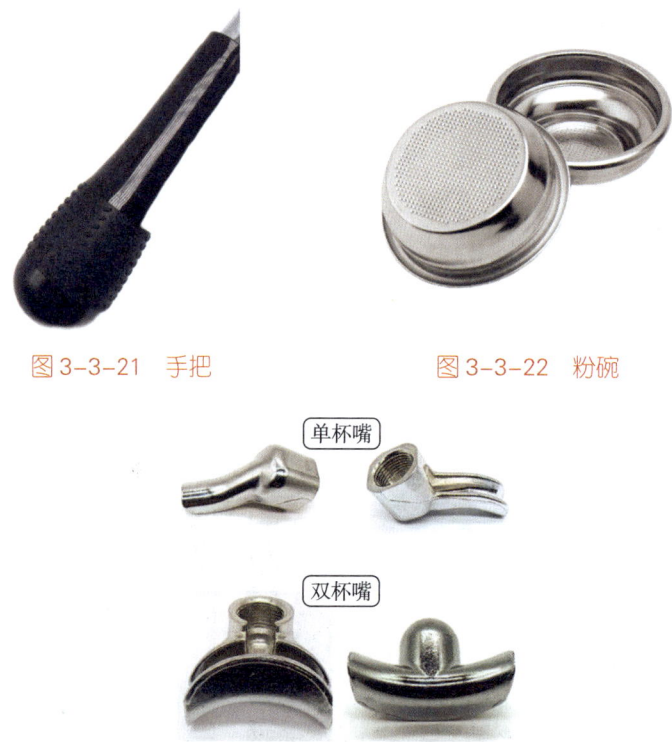

图 3-3-21 手把　　　图 3-3-22 粉碗

图 3-3-23 出液杯嘴

11. 净水器

净水器用来净化加入咖啡机的水。水的硬度高，会在咖啡机锅炉内部产生水垢，直接影响咖啡机的热量传导、管路水流量等，进而影响咖啡的温度及咖啡萃取的完美性，使咖啡的风味及口感下降。锅炉里面的水垢会影响加热棒的使用寿命，严重时会造成加热棒线圈烧毁。所以半自动咖啡机用水需要经净水器过滤后再放入咖啡机的水泵里。

四、意式浓缩咖啡及其特点

1. 意式浓缩咖啡的概念

"Espresso"一词来源于意大利，中文译为意式浓缩咖啡，字面意思是应要求而特别现做，即快速制作、快速饮用。它是利用蒸汽压力在高温短时间内快速制作出的咖啡，具有强烈的口感特征，但也因为制作时间短，咖啡因的含量反而比其他萃取方法少。

制作意式浓缩咖啡时使用 90～96 ℃的热水，单柄用 7～9 g（双柄建议用 18～22 g）新鲜研磨的咖啡粉，在 7～9 bar 的压力下，经过 20～30 s 的时间，萃取得到一杯 20～35 mL（双份是 50～70 mL）的咖啡液，咖啡的表面覆盖有一层均匀的油脂。这层油脂是高温高压下乳化萃取的水溶性脂肪化合物和二氧化碳短暂结合形成的物质，它的蜂窝状结构存储了大量的芳香物质，在结构解体的时候，释放出大量香气，给人带来视觉和嗅觉享受。

2. 意式浓缩咖啡的特点

意式浓缩咖啡是采用意式烘焙的咖啡豆，利用高温高压在短时间内快速萃取的咖啡，其成分复杂，会因氧化或者温度降低而分解。

（1）杯量。单份意式浓缩咖啡的最佳杯量为 30 mL，并盛装在专用的意式浓缩咖啡杯里，一般采用容量为 60～90 mL 的厚壁瓷质锥形杯，杯底和杯口大会加速咖啡冷却。

（2）外观。高品质意式浓缩咖啡表面有一层咖啡油脂，具有锁香、保温、增醇等作用，油脂会因烘焙度不同而呈不同的颜色，一般为榛果色、棕黄色或深褐色。这层油脂能反映咖啡的萃取品质。若油脂厚实平滑、富有光泽、细腻稳定、均匀无裂痕，不出现白点或者大面积焦黑色斑，厚度充分覆盖下层的咖啡液体不出现破口，则说明是优质的萃取。油脂的量和厚度主要与咖啡豆的烘焙度和新鲜度有关，咖啡豆烘焙越深，油脂气孔越大，咖啡豆越新鲜，咖啡油脂含量越多。比较适宜的咖啡油脂厚度为 3～5 mm。如果咖啡油脂厚度大于 5 mm 且泡沫比较大，容易消散，就说明咖啡豆过于新鲜；如果咖啡油脂厚度小于 3 mm，则说明咖啡豆烘焙后存放时间较长，或者咖啡豆质量差。油脂颜色不应太深或太浅，颜色太浅则说明热水与咖啡粉接触速度过快，浓度低，味道淡；颜色过深则说明萃取速度过慢，咖啡的苦味过重。

（3）气味。品质好的意式浓缩咖啡具有极其诱人的香气，如坚果、焦糖或新鲜水果的香气；若采用不新鲜、质量差或者提前研磨的咖啡粉，则意式浓缩咖啡的香气不足，甚至会出现异味。

（4）温度。制作好的意式浓缩咖啡的温度应为 75～80 ℃。

（5）口感。意式浓缩咖啡口感浓郁厚实，伴有涩感，十分刺激味蕾，饮下片刻后会回味持久。

总之，一杯好的意式浓缩咖啡具有香气浓郁、浓稠度高、口感顺滑、油脂厚实细腻、酸甜苦滋味和谐等特点。咖啡豆的拼配、研磨粗细度、萃取时间、萃取压力和萃取温度等因素都会影响饮品质量。

五、意式咖啡豆

单一产地的咖啡豆也会因种植环境、气候和管理方式等导致品质参差不齐，通过拼配，会使得质量更稳定。意式咖啡豆通常使用拼配咖啡豆，即采用两种或两种以上不同产地、品种或者处理方法的咖啡豆按照一定比例进行混合拼配。通过拼配，能更好地凸显或者平衡风味，让咖啡有更丰富的层次感，稳定同一款咖啡的出品品质。有时会添加罗布斯塔豆，能获得更丰富的油脂，同时降低成本。

一、操作准备

1. 设备与器具

（1）设备。半自动咖啡机1台、数控定量意式咖啡研磨机1台。

（2）器具。粉锤1个、布粉器1个、磕渣盒1个。

（3）杯具。意式浓缩咖啡杯1个、咖啡杯碟1个、咖啡勺1把。（可根据实际情况调整。）

（4）称量工具。电子秤1台。

2. 物料

意式咖啡豆100 g、方糖包适量、牛奶1盒。

3. 清洁剂

咖啡机清洁剂1瓶。

4. 清洁工具

清洁手柄粉碗口布1块、清洁咖啡杯口布1块、清洁布2块、研磨机清洁刷1把、咖啡冲煮头清洁刷1把。

二、操作步骤

1. 准备清洁器具

（1）清洁布如图3-3-24所示，口布如图3-3-25所示。

（2）咖啡冲煮头清洁刷如图3-3-26所示。

（3）咖啡机清洁剂如图3-3-27所示。

图3-3-24 清洁布

图3-3-25 口布

图3-3-26 咖啡冲煮头清洁刷

图3-3-27 咖啡机清洁剂

2. 开机

接通电源,如图 3-3-28 所示,将咖啡机电源开关转到加热挡,如图 3-3-29 所示,确认显示屏亮,如图 3-3-30 所示。

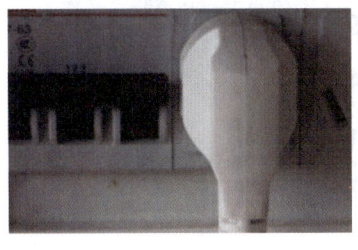  

图 3-3-28 接通电源   图 3-3-29 打开机器开关   图 3-3-30 显示屏亮

打开咖啡机电源开关 10～20 min 后,检查设备是否正常运行。当温度显示为 90～96 ℃时,按下萃取键后水压为 7～9 bar,锅炉气压表显示为 0.8～1.5 bar,说明咖啡机能正常运行,若机器长时间不加热,水温不上升,则说明机器发生故障。

3. 整理并清洁工作台面

(1)清洁机器。用专用的清洁布清洁咖啡机机身、蒸汽管、工作台面等。

(2)整理工作区域

1)将所需意式浓缩咖啡杯用口布擦净后整齐地放置在温杯盘上,并把与之配套的咖啡杯碟和咖啡勺放置在方便取用的位置,如图 3-3-31 所示。

2)将清洁后的压粉垫放在工作台面上,把粉锤和布粉器放在压粉垫上,如图 3-3-32 所示,粉锤和布粉器要保持干燥,不能有水渍,避免压粉时带走一部分咖啡粉。

3)将电子秤、咖啡豆等原料放置在机器旁边,如图 3-3-33 所示。

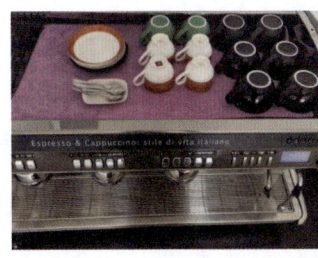  

图 3-3-31 整理温杯盘   图 3-3-32 摆放粉锤和布粉器   图 3-3-33 摆放电子秤和咖啡豆

4)准备两块清洁布,一块专门用于清洁蒸汽管,打湿后拧干放置在蒸汽管旁边,如图 3-3-34 所示;另一块用于清洁滤水盘,如图 3-3-35 所示。准备两块口布,一块用于清洁咖啡杯、咖啡杯碟和咖啡勺,如图 3-3-36 所示;另一块用于擦拭手柄粉碗,通常挂在围裙上,如图 3-3-37 所示。

图 3-3-34　蒸汽管清洁布

图 3-3-35　滤水盘清洁布

图 3-3-36　咖啡杯清洁口布

图 3-3-37　粉碗清洁口布

4. 清洁粉碗

手柄不使用时通常要求扣在咖啡冲煮头上，取下手柄的方式是左手握住手柄柄把并顺时针平行旋转。取下手柄后要对粉碗进行清洁，如果粉碗是干燥洁净的，用专用的粉碗清洁口布擦拭一遍即可；如果粉碗内有水渍及咖啡渣，需按下咖啡冲煮头上的萃取键，放出热水进行冲洗，如图 3-3-38 所示，再用干净的专用清洁口布擦干粉碗，如图 3-3-39 所示。

5. 研磨咖啡豆

（1）打开研磨机开关，预先进行少量研磨，清除研磨机里残留的咖啡粉，查看研磨机的刻度及咖啡粉的粗细度，采用极细的意式研磨度。

（2）将手柄插入研磨机填粉架上。在研磨机上选择粉量按钮，如图 3-3-40 所示，研磨机开始研磨咖啡豆。

图 3-3-38　清洗粉碗

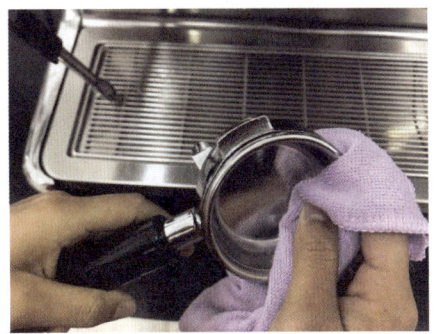
图 3-3-39　擦干粉碗

6. 填粉

将咖啡粉填入粉碗的过程称为填粉。填粉时，要求将咖啡粉均匀填充进粉碗，有利于咖啡粉均匀地分布，避免洒落在工作台面上，造成咖啡粉的浪费。因此，填粉过程中需要调整粉碗角度，将粉碗向前、后、左、右依次倾斜，尽量让咖啡粉处于粉碗中心，如图 3-3-41 所示。

图 3-3-40　放入手柄

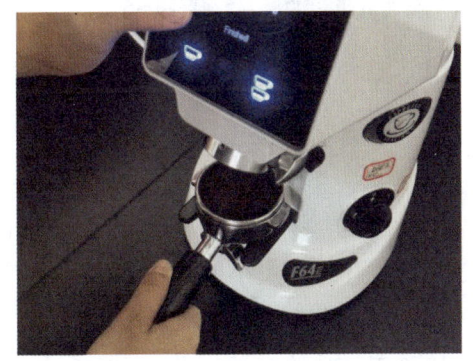
图 3-3-41　调整手柄中心位置

7. 布粉

粉碗里的粉往往呈不均匀状态，如图 3-3-42 所示，部分地方比较密实，部分地方则比较松散，造成粉层的密度及厚度不均匀。萃取的时候，水流容易穿透密度小、阻力小的地方，造成流速不均，导致萃取不均匀，因此需要使用布粉器将咖啡粉分布均匀，如图 3-3-43 所示。

8. 填压

用掌心顶住粉锤的末端，用中指、无名指、小指圈住把手，锤压面放入粉碗，垂直向下压粉，使得粉锤和手柄粉碗垂直，用拇指和食指触碰粉碗边缘，如图 3-3-44 所示，确保粉锤填压面与咖啡粉表面平行，将松散的咖啡粉压紧实且保持平整，如图 3-3-45 所示。

图 3-3-42　粉面状态

图 3-3-43　布粉

图 3-3-44　粉锤与粉碗垂直

图 3-3-45　平整的粉面

填压的目的是将咖啡粉填平，填压不平整容易造成通道效应，导致萃取不充分。填压时施力的大小要稳定，可以将拇指和食指置于不同方位，调整粉锤平衡，确保平整后再填压。

9. 清除手柄边缘残粉

填压完成后，清除手柄边缘残留的咖啡粉，否则会沾到咖啡冲煮头上，损伤垫圈并影响密封性，如图 3-3-46 所示。

图 3-3-46　清除手柄边缘残粉

10. 排水降温

在正式萃取咖啡之前,需要先排出一部分热水,一方面降低咖啡萃取的水温,另一方面可以冲洗咖啡冲煮头上的咖啡残渣。排水方法是打开萃取键,让咖啡冲煮头放水,持续 5 s 左右,以温度降至 90~96 ℃为宜,如图 3-3-47 所示。

图 3-3-47 咖啡冲煮头排水

11. 安装手柄并立即萃取

排水完成后,立即将咖啡手柄旋转放入咖啡冲煮头,放入方式是粉碗面向咖啡冲煮头,从左侧水平放入,如图 3-3-48 所示,手柄进入咖啡冲煮头轨道后逆时针水平旋转,扣紧手柄,如图 3-3-49 所示,随后立即按下萃取键进行萃取,在手柄出水口处摆正咖啡杯,如图 3-3-50 所示。

图 3-3-48 放入手柄　　图 3-3-49 扣紧手柄　　图 3-3-50 萃取

扣手柄时需要平行于咖啡冲煮头的平面放入并扣紧实,以免手柄掉下来。手柄扣至咖啡冲煮头以后需立即萃取,否则咖啡冲煮头上的水和高温水蒸气会使得手柄内表层咖啡粉发生预浸泡，导致过度萃取。咖啡冲煮头排水、放入手柄、按下萃取键要连贯操作，中间不宜停歇。

12. 停止萃取

标准单份意式浓缩咖啡液的萃取量为 30 mL 左右，萃取时间为 20～30 s。咖啡油脂颜色应均匀，能完全覆盖咖啡液，无破洞。

13. 磕渣

萃取结束后，及时清洁手柄。顺时针旋转从咖啡冲煮头上取下手柄，将粉碗外侧对准磕渣盒内的支点杆，如图 3-3-51 所示，把粉饼敲到磕渣盒内，再用咖啡冲煮头排出的热水冲洗粉碗，如图 3-3-52 所示，用专用的干净口布将粉碗擦拭干净，并把手柄扣回至咖啡冲煮头上，如图 3-3-53 所示，让粉碗保温，方便继续使用。

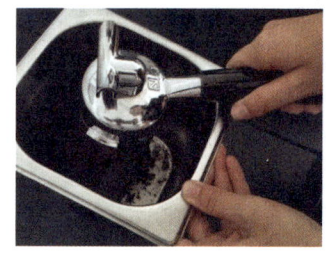  

图 3-3-51　磕渣　　　图 3-3-52　冲洗粉碗　　　图 3-3-53　手柄扣回咖啡冲煮头

14. 意式浓缩咖啡出品

将咖啡杯放置在咖啡杯碟上，配上咖啡勺、糖包和纸巾。咖啡杯必须干净，外壁不能有咖啡液渍、水渍和咖啡粉渍等，将咖啡杯耳和咖啡勺把朝向顾客的右手侧，如图 3-3-54 所示。

图 3-3-54　意式浓缩咖啡出品摆放方式

三、注意事项

1. 半自动咖啡机正常使用后,从咖啡冲煮头和出水口放出的水的温度都比较高,操作时要特别小心,以免烫伤。

2. 制作意式浓缩咖啡时,可借助量杯、电子秤等工具测量液重和粉重,以提高制作品质。

任务2 全自动咖啡机制作咖啡

全自动咖啡机是集研磨和萃取为一体的咖啡机,有固定的咖啡制作模式,实现了从咖啡熟豆研磨成粉到热水冲煮出咖啡的全过程自动化。随着技术发展,全自动咖啡机的功能不断完善,还有加热牛奶及制作奶泡的功能。

全自动咖啡机将复杂的人工咖啡制作过程简单化,利用电子技术取代人工操作来控制咖啡制作的全过程。全自动咖啡机通过自行选定咖啡的杯量,自动研磨咖啡豆,并将咖啡粉装入制作组件,通过电热片迅速加热,同时压紧咖啡粉后萃取出咖啡液体。全自动咖啡机因其方便、快捷、出品咖啡风味稳定性好、效率高、制作时间短等特点,备受家庭及办公等场所的青睐。

全自动咖啡机(见图3-3-55)主要由四个系统组成。

图3-3-55 全自动咖啡机

一、程序设置系统

程序设置系统主要用于对杯量控制、温度控制、预磨粉功能、咖啡豆用量调节等程序进行设置。

二、清洁系统

全自动咖啡机的部分零部件可拆卸,使用过后把可拆卸的部分拆卸下来清洗,对于不能拆卸部分,咖啡机有自动清洗功能。

三、加热系统

全自动咖啡机使用热阻板和加热单元进行加热,可以快速完成咖啡冲煮。

四、数码智能控制系统

全自动咖啡机采用数码智能控制,数字显示屏会显示咖啡机准备好做什么或正在做什么。

一、操作准备

1. 设备与器具

(1)设备。全自动咖啡机1台。

(2)器具。咖啡量勺1把。

(3)杯具。咖啡杯1个、咖啡杯碟1个、咖啡勺1把。(可根据实际情况调整。)

2. 物料

新鲜咖啡熟豆100 g。

3. 清洁剂

中性洗涤剂、咖啡机专用清洁粉等各1瓶。

4. 清洁工具

清洁咖啡杯口布1块、清洁布2块。

二、操作步骤

1. 开机

连接电源,按下开关键开机,如图 3-3-56 所示。

图 3-3-56 开机

2. 加水

取出水箱并加水,如图 3-3-57、图 3-3-58 所示,水量不要超过水箱最大(Max)刻线。

图 3-3-57 取出水箱

图 3-3-58 加水

3. 加咖啡豆

原料可以用咖啡豆或咖啡粉。如果用咖啡豆需要放豆仓里,如图 3-3-59 所示;如果用咖啡粉则需要放粉仓里,如图 3-3-60 所示。咖啡豆或者咖啡粉用多少放多少,不要把咖啡豆或咖啡粉长时间放在储存仓里。

图 3-3-59 加咖啡豆

图 3-3-60 加咖啡粉

4. 萃取

开机约 2 min 后水被加热,杯量键指示灯由闪烁变成常亮,其他指示键未显示异常,表示咖啡机工作正常,如图 3-3-61 所示。

图 3-3-61 指示灯常亮

根据出杯数选择单杯或双杯按键萃取咖啡。萃取之前,按下浓度调整键选取浓度,顺时针方向浓度由低到高;按下杯量键选取萃取量,顺时针方向萃取量由少至多,如图 3-3-62 所示。

图 3-3-62 萃取

5. 咖啡出品

取出咖啡杯,即可品饮,也可加入糖或牛奶等辅料。

6. 清洁

每天使用结束后,或者制作杯量太多时,需要加水并清理咖啡渣。首先打开机身门,如图 3-3-63 所示,取出废渣盒和滤水盘,将咖啡渣和废水清理干净,如图 3-3-64 所示。使用结束,按下开关按钮,关闭咖啡机,拔下电源插头。

图 3-3-63 打开机身门

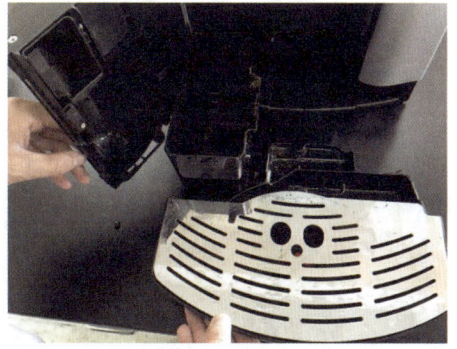

图 3-3-64 清理咖啡渣及废水

三、注意事项

1. 咖啡渣盛接盒满后需要倒掉并定期清洗。
2. 定期清洗水箱。
3. 定期清洗蒸汽管。

4. 检查咖啡出液口是否堵塞，若堵塞可用针状物疏通。

5. 定期清洗滤水盘及机身。

6. 水箱里只能用冷水，不能用热水。

7. 当全自动咖啡机不能正常运转时，相应的指示红灯会亮起来，提示缺水、缺豆或其他问题，此时需要根据提示把问题解决后再制作咖啡。

课程 4　咖啡器具清洁与消毒

器具清洁与消毒是保证安全饮用咖啡的第一个关键环节，必须做好日常的器具洗涤与消毒。

任务 1　咖啡杯具清洁

咖啡杯具使用久了之后容易沾上咖啡垢，随着时间的延长咖啡垢会越来越难清洗，因此使用结束应立即清洗。由于咖啡中含有油脂，仅用清水难以达到良好的洗涤效果，因此需要用安全的洗涤剂辅助清洗。

一、牙膏

牙膏中含有摩擦剂、保湿剂及表面活性剂等成分，对咖啡污垢具有较强的清除能力。将牙膏挤在咖啡杯上，用清洁海绵沿着杯子内壁来回擦洗，再用清水冲洗干净。

二、洗涤剂

1. 中性洗洁精

滴几滴中性洗洁精到咖啡杯里，使用清洁布来回擦洗，再用清水冲洗干净。

2. 食用碱

食用碱能够中和污垢中的酸性成分，将这些物质变成可溶于水或微溶于水的成分，易于通过刷洗等方式清除附着在咖啡杯具上的污垢。将食用碱直接倒在清洁布（或清洁海绵）上，滴少许水，来回擦拭杯子内壁，再用清水冲洗干净。

3. 食用醋

食用醋的主要成分是醋酸及有机酸，它可以溶解很多油性污垢，中和碱性污垢，还能防霉、去除异味，能有效地抑制霉菌滋生。在咖啡杯具中倒入少许食用醋，静置约 5 min，再用清洁布（或清洁海绵）擦洗干净。

4. 柠檬汁

将柠檬切片，挤出柠檬汁浸泡咖啡杯具 30 min，再用清水冲洗干净。

5. 超声波清洗

利用超声波产生的空化作用及振动作用，将咖啡杯具表面的咖啡污垢剥离脱落，同时还能将油脂性污垢分解、乳化，最终达到清洗的目的。

任务实施

一、操作准备

1. 设备与器具

有污渍的咖啡滤杯 1 个、咖啡杯 1 个。

2. 洗涤剂

食用碱、食用醋、中性洗洁精等各 1 瓶。

3. 清洁工具

清洁布 1 块。

二、操作步骤

1. 先去除咖啡杯具表面上的大部分残渣、污垢，咖啡杯污垢如图 3-4-1 所示，咖啡滤杯污垢如图 3-4-2 所示。

图 3-4-1 咖啡杯污垢

图 3-4-2 咖啡滤杯污垢

2. 用洗涤剂洗净咖啡杯具，如图3-4-3所示。也可用食用碱擦拭或用食用醋浸泡除垢。

图3-4-3　用洗涤剂洗净咖啡杯具

3. 用清水冲洗残留的洗涤剂。

4. 用咖啡杯具专用清洁布擦净，洗净的咖啡杯如图3-4-4所示，洗净的咖啡滤杯如图3-4-5所示。

图3-4-4　洗净的咖啡杯

图3-4-5　洗净的咖啡滤杯

三、注意事项

1. 咖啡杯具必须使用符合卫生标准的洗涤剂洗涤。

2.清洗咖啡杯具时,不能用过硬的刷子,也不能用强酸、强碱性的清洁剂,以免刮伤或腐蚀咖啡杯具。

任务 2　咖啡杯具消毒

一、物理消毒法

1. 蒸汽消毒

将洗净的咖啡杯具置于蒸汽柜或蒸汽箱中,使温度升到 100 ℃,消毒 5～10 min。

2. 煮沸消毒

将洗净的咖啡杯具放入沸水中煮沸 2～5 min。

3. 红外线消毒

将洗净的咖啡杯具置于红外线消毒柜中,温度为 120 ℃,消毒 15～20 min。

二、化学消毒法

1.选用经卫生行政部门批准的餐具消毒剂对咖啡杯具进行浸泡消毒。

2.按产品说明书规定浓度配制消毒剂。

3.将咖啡杯具置入一定浓度的消毒剂中浸泡 10～15 min,要求杯具完全浸没于消毒液中。

4.消毒结束后,应用自来水冲洗咖啡杯具表面残留的消毒剂。

5.需定期更换消毒剂溶液。

一、操作准备

1. 设备与器具

洗净的咖啡杯具若干;消毒柜 1 台。

2. 清洁工具

清洁口布 1 块。

二、操作步骤

1. 将洗干净并用口布擦干（沥干）的咖啡杯具倒置或斜置在合适的消毒柜层架上，如图 3-4-6 所示。

2. 关好消毒柜柜门，选择消毒方式，按下相应的启动键。工作指示灯亮，表示消毒工作开始，消毒时间约 20 min。工作指示灯熄灭，表示消毒工作完成，待咖啡杯具冷却后方可取出。

图 3-4-6　消毒柜

3. 若消毒过程中，需中途停止，则按下"停止"键，并切断工作电源。
4. 将消毒后的咖啡杯具放入指定的保洁柜存放。

三、注意事项

1. 所使用的消毒剂必须是已取得卫生许可批准文号的合格产品，并在批准的有效期内。
2. 咖啡杯具消毒完毕后，切忌马上打开柜门拿取，以免被高温烫伤。
3. 取咖啡杯具时注意只能拿杯底，以免影响消毒效果和留下指印。
4. 消毒柜内不要遗留抹布或其他易燃易融物品。
5. 保洁柜内的垫布需保持干净，定期更换。
6. 咖啡杯具要干净明亮、无破损、无痕印。

课程 5　咖啡设备清洁与维护

常用的咖啡制作设备主要是咖啡研磨机和咖啡机。咖啡机包括全自动咖啡机和半自动咖啡机，但在咖啡店里，主要使用的是半自动咖啡机。本课程重点介绍半自动咖啡机的清洁与维护。要制作美味的咖啡，就不能忽视咖啡研磨机、半自动咖啡机等设备的日常清洁。洁净的半自动咖啡机和咖啡研磨机可以确保咖啡口感和风味纯净，同时做好日常清洁维护还能延长设备使用寿命。

任务 1　咖啡研磨机清洁

咖啡研磨机的日常清洁主要包括以下几个方面。

一、外观清洁

咖啡研磨机作为咖啡吧台重要设备之一,需确保其外观清洁卫生,建议每天清洁一次。

二、咖啡豆仓清洁

咖啡豆仓长期不清洁,将粘附大量咖啡油垢,影响咖啡风味。日常使用时必须保持咖啡豆仓清洁,建议每天清洁一次。

三、磨盘清洁

咖啡研磨机磨盘里的刀片长期使用会有咖啡油脂沉积,产生油脂氧化和腐败的气味,需要定期清洁。根据日常咖啡研磨量确定清洁周期,一般一周清洁一次。

一、操作准备

1. 清洁工具

清洁刷 1 把、清洁布 1 块。

2. 拆卸工具

扳手、旋具等。

二、操作步骤

1. 清洁机身外部

(1) 用半干的清洁布擦拭整个咖啡研磨机机身,确保机身无咖啡粉渍和咖啡液渍。

(2) 用专用清洁刷清洁咖啡研磨机出粉口处和接粉盘上洒落的咖啡粉。

2. 清洁咖啡豆仓

使用专用清洁布擦拭咖啡豆仓中的咖啡油渍和咖啡粉渍。

3. 清洁磨盘

（1）打开咖啡研磨机开关，研磨掉磨盘区域内残留的少量咖啡豆，以保证咖啡豆仓底部和磨盘刀片上无任何咖啡豆残留。若咖啡豆仓中有大量剩余的咖啡豆，需取出并放置在包装袋中。

（2）关闭咖啡研磨机电源。

（3）取下咖啡研磨机的咖啡豆仓。使用旋具和扳手将固定咖啡豆仓的螺钉拧松，取下咖啡豆仓进行清洁。

（4）拆卸磨盘，用专用清洁刷将磨盘上附着的咖啡残粉清扫干净。

（5）将磨盘复位，安装固定咖啡豆仓。

三、注意事项

1. 每次使用结束，咖啡豆仓里不允许残留咖啡豆，咖啡粉仓里不能残留咖啡粉末，要及时清理附着在内部的咖啡粉，避免其氧化变质，影响下次研磨时咖啡粉的新鲜度。

2. 清理咖啡研磨机的咖啡粉仓和咖啡豆仓时，要使用专用清洁刷清扫残粉，机身可以用半湿的专用清洁布擦拭，残粉盘可以用水清洗后晾干。

任务2 半自动咖啡机清洁与维护

半自动咖啡机使用结束后，咖啡冲煮头、滤水盘、蒸汽管以及机身等位置会残留咖啡液、牛奶等污渍，每次制作完成或每天使用结束后需对半自动咖啡机进行清洁，以确保饮品卫生及风味。

一、需要清洁的污渍类型

1. 水垢

咖啡机使用一段时间后，会残留水垢，这些水垢若长期留存在咖啡机内会造成管路堵塞，出咖啡时量少且流速缓慢，甚至会造成咖啡机停止工作。所以，需根据咖啡机使用频率确定咖啡机清洗水垢的周期。

2. 油垢

意式浓缩咖啡在萃取过程中会析出一部分油脂，附着在咖啡冲煮头和咖啡手柄粉碗内，需要定期用专业的清洁粉进行清洗。

3. 残渣

意式浓缩咖啡萃取后，少量咖啡渣会附着在萃取时与机器接触的部位，有些会洒落在半自动咖啡机滤水盘上，需要及时清洁处理干净。

二、清洁程序及频率

1. 每次制作结束后需要做的清洁工作如下。

（1）必须立即清除咖啡手柄粉碗内的咖啡渣。

（2）放水清洗咖啡冲煮头，随即将咖啡手柄扣回咖啡冲煮头上。

（3）蒸汽管每次使用后必须立即空喷蒸汽管，并用专用清洁布擦拭干净。

2. 每天使用后需要做的清洁工作如下。

（1）插入咖啡手柄至冲煮头，但不旋紧，开启萃取键放水回流冲洗咖啡冲煮头。

（2）撬下咖啡手柄粉碗内的滤网彻底清洗。取 5 g 半自动咖啡机专用清洁粉，加入 500 mL 温水稀释，放入粉碗浸泡 10 min 后再冲洗。清洗完成后将粉碗装入咖啡手柄，先制作一杯咖啡以去除清洁后的异味，再开始正式制作咖啡。

（3）取出滤水盘，用流水把滤水盘上的咖啡粉冲洗干净，再用清洁布擦洗。

（4）擦净蒸汽管、温杯盘及半自动咖啡机机身外部。

3. 每个星期需要做的清洁工作如下。

（1）使用半自动咖啡机专用清洁粉后清洗咖啡冲煮头和粉碗。

（2）用温水加中性清洁剂清洗咖啡豆仓，并晾干。

4. 每月检查净水器和软水器的工作状况，如有必要则更换净水器滤芯和再生软水器。

5. 每年需要用水样硬度快速检测试纸检测半自动咖啡机进水及咖啡冲煮头里放出水的硬度，以小于 30 mg/L 为宜。

一、操作准备

1. 设备

半自动咖啡机 1 台。

2. 清洁剂

咖啡机专用清洁粉 1 瓶。

3. 清洁工具

咖啡冲煮头清洁刷 1 把。

二、操作步骤

1. 清洗咖啡冲煮头和咖啡手柄粉碗

（1）每次萃取结束，将咖啡手柄粉碗里的咖啡渣磕出，如图 3-5-1 所示，开启萃取键排出热水，可将咖啡冲煮头里附着的咖啡渣冲干净，同时翻转冲洗咖啡手柄粉碗部位的内外侧，如图 3-5-2 所示，将冲洗干净的咖啡手柄扣回咖啡冲煮头进行保温，如图 3-5-3 所示。

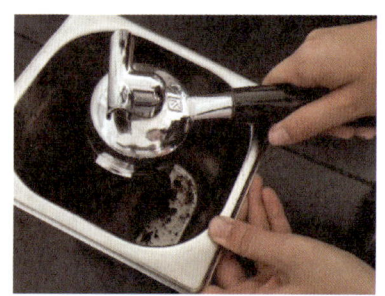

图 3-5-1　磕渣

图 3-5-2　清洗咖啡手柄粉碗　　　图 3-5-3　咖啡手柄扣回咖啡冲煮头

（2）每周清洗咖啡冲煮头。每周应使用清洁粉清洗咖啡冲煮头，将咖啡手柄上的滤网取下，如图 3-5-4 所示，更换上专业反清洗的盲碗（无孔滤杯）并加入专用清洁粉 5 g，如图 3-5-5 所示，并将咖啡手柄嵌入咖啡冲煮头，在 45°～90°角之间来回转动，同时按萃取键使冲煮系统内残留的清洁粉液流出。按下萃取键放水冲洗咖啡冲煮头，并翻转咖啡手柄冲洗粉碗内外侧，如图 3-5-6 所示，直至滤碗内的水干净无色为止。使用专用清洁刷刷洗咖啡冲煮头分水网，去除残留的咖啡渣，如图 3-5-7 所示。

图 3-5-4　取下滤网

图 3-5-5　在清洗盲碗里加入清洁粉

图 3-5-6　冲洗粉碗

图 3-5-7　清洁咖啡冲煮头分水网

2. 清洗蒸汽管

（1）使用蒸汽管制作奶泡后，需用干净的专用清洁布将蒸汽管擦拭干净，如图 3-5-8 所示。打开蒸汽旋钮，空喷蒸汽管，如图 3-5-9 所示，利用蒸汽本身的冲力及高温，冲洗喷气孔内残留的牛奶污垢，用专用清洁布擦洗蒸汽管，以维持喷气孔的畅通及卫生。

（2）如果蒸汽喷管上有残留的牛奶硬块，需用热水浸泡几分钟（见图 3-5-10），以软化蒸汽管上的残留物质，再放蒸汽进行冲洗，如图 3-5-11 所示。冲洗完成后打开蒸汽旋钮查看蒸汽管是否畅通，如果蒸汽管还不畅通，需重复此步骤，直到洗干净且通畅为止。

图 3-5-8 擦拭蒸汽管

图 3-5-9 空喷蒸汽管

图 3-5-10 浸泡蒸汽管

图 3-5-11 空喷蒸汽清洗蒸汽管

3. 清洗滤水盘和排水槽

半自动咖啡机使用结束后将滤水盘取下并冲洗干净,如图 3-5-12 所示。用专用清洁布擦洗排水槽内的沉淀物,如图 3-5-13 所示,再用水冲洗,使排水保持畅通。如果排水不通畅,可取一小勺咖啡机专用清洁粉倒入排水槽内,用热水浸泡 5 min 以溶解排水槽内的咖啡渣和油渍,然后进行冲洗。最后,将滤水盘放回原来的位置并清洁水渍,如图 3-5-14 所示。

图 3-5-12　取下滤水盘

图 3-5-13　擦洗排水槽

4. 清洁咖啡机外部

每天用专用清洁布擦拭机身外部，如图 3-5-15 所示，需选用温和不具腐蚀性的清洁剂，清洁布不宜太湿，以防多余的水和清洁剂渗入电路系统，侵蚀电线造成短路。机身及任何配件均不可用铁丝、钢刷等硬质工具刷洗。

图 3-5-14　清洁滤水盘的水渍

图 3-5-15　清洁机身

三、注意事项

在咖啡的制作过程中，要养成随手清洁的习惯，手柄、咖啡冲煮头、咖啡杯等使用结束后立即清洗；有污渍或者粉末洒落时，要及时清洁工作台面、咖啡机表面、咖啡研磨机等。

模块 4 咖啡服务

课程 1　咖啡店营业准备

任务 1　器具及辅料准备

一、咖啡店营业准备的重要性

咖啡店是销售饮品的场所，对咖啡师的个人要求、相关食材的卫生要求及准备要求都很高，在开启一天的营业工作前，营业准备至关重要。若没有做好营业前的准备工作，服务流程就会杂乱无章，当有顾客来消费时，咖啡师就会手忙脚乱，导致咖啡饮品出品过慢；若充分做好营业前的准备工作，即使顾客爆满，咖啡师也能做到游刃有余，咖啡出品有条不紊，为顾客提供优质的服务，提升顾客对咖啡店的印象。这些准备主要包括器具、咖啡原辅料的准备及店内卫生清洁工作。

二、咖啡店营业准备工作

1. 咖啡店内清洁工作

（1）咖啡工作台的清洁。咖啡店内的工作台主要是指吧台区域，这个区域通常会放置半自动咖啡机、咖啡研磨机、果汁机、封口机等。吧台通常是用大理石及硬木制成，表面光滑，每天营业结束后虽然也会要求严格执行卫生清洁工作，但表面仍可能会残留灰尘或者未清理干净的水渍、咖啡渍等。所以第二天营业前,需要对吧台进行清洁,先用湿毛巾擦拭一遍,再用清洁剂喷在表面擦洗,至完全没有污迹为止,清洁后用干毛巾擦干即可。

(2)杯具清洁。营业前检查咖啡杯、杯勺、水杯是否放在对应的地方,确保每天都要严格进行清洁与消毒。杯子必须放在消毒柜里按照规程进行消毒,即使没有使用过的杯具每天也要重新消毒。杯垫、吸管、调咖啡棒和咖啡标签放在工作台前,其中,吸管、调咖啡棒和咖啡标签等可用杯子盛放。

(3)冰箱清洁。冰箱内通常会储存牛奶、奶油、水果等新鲜食材,在取用过程中会有相应的液体溢出或者洒落,隔板面会形成油滑的尘积块,营业前应彻底清洁。应清洁每一层隔板的底部、隔板壁及冰箱壁。先使用清洁剂用打湿的清洁布擦洗干净污迹,再用清水抹干净。

(4)瓶装物品与罐装饮料表面清洁。瓶装物品在散卖或调制取用时,瓶子外壁会残留汁液而使表面变得黏滑,瓶装或罐装的牛奶、饮料则由于长途运输表面会有灰尘,每天需要用专用的清洁布将瓶装物品及罐装饮料的表面擦干净以符合食品卫生标准。

(5)地面清洁。咖啡店吧台内地面多用大理石或瓷砖铺砌,每天营业前检查地面并清洁,还须随时清洁地面上的污渍及水。

2. 辅料准备

(1)咖啡辅料。辅料准备好以后放在工作台前面,以备调制时使用,鲜牛奶、淡奶油、果蔬汁等应存放在冰箱中,其他调制咖啡用的汽水及糖浆也要放在容易拿得到的位置。

(2)水果。水果主要作为调饮的成分或者装饰物使用,可以根据销售量预先切好一部分放在碟中备用,表面封上保鲜膜。

一、操作准备

1. 设备与器具

(1)设备。半自动咖啡机、咖啡研磨机、冰箱。(可根据实际情况调整数量。)

(2)器具。手冲壶、分享壶、奶缸、雪克壶、压粉器、布粉器。(可根据实际情况调整数量。)

(3)杯具。咖啡杯、水杯、咖啡勺等。(可根据实际情况调整数量。)

2. 物料

新鲜咖啡豆、水果、糖浆、牛奶等。（可根据实际情况调整数量。）

3. 清洁工具

口布、清洁布、咖啡冲煮头清洁刷。（可根据实际情况调整数量。）

二、操作步骤

咖啡店内器具及辅料准备流程见表4-1-1。

表4-1-1 咖啡店内器具及辅料准备流程

操作流程	操作标准及说明
检查店内设施	所有电器应能正常工作
清洁器具	冰箱内无积水和污物，咖啡机、研磨机外表干净光亮
清洁工作台面	用清洁布擦拭工作台面，保证干净、整洁、无尘、无水迹
器具准备	打开咖啡机、研磨机等设备电源，检查机器是否能正常工作，进行热机
	将常用的咖啡冲煮器具、滤网、榨汁机等器具清洁并备好至指定位置
	将咖啡杯、咖啡碟、咖啡勺、奶杯等器具准备至指定位置备用
原料准备	按营业所需将各种咖啡熟豆准备好放在指定位置备用
	将牛奶、奶油、糖浆、糖包等常用辅料放置冰箱备用
	将水果清洗后放冰箱备用
摆放桌椅	桌椅齐全，有序摆放桌面装饰物、纸巾盒等物品
	桌椅干净，无灰尘

三、注意事项

仔细核查当天营业所需物料、器具是否齐全，数量是否充足；检查设备是否能正常工作；确认咖啡店内卫生干净，空气清新。

任务2 咖啡师个人准备

一、咖啡服务礼仪

咖啡师是指从事咖啡制作、调配、服务的人员，咖啡制作与咖啡服务对于咖啡师来说同等重要，为顾客提供优质的服务能为咖啡店带来更好的经济效益。掌握重要的服务方法及礼仪是每个咖啡师必备的技能之一。服务礼仪使服务有形化、规范化、系统化。有形、规范、系统的服务礼仪，不仅可以树立员工和企业的良好形象，更可以塑造受顾客欢迎的服务规范和服务技巧，能让咖啡师在工作中赢得理解、好感和信任。做服务的前提是咖啡师要有良好的个人形象和仪容仪表。

二、咖啡师仪容仪表的重要性

仪容，通常是指人的外观、外貌，侧指人的容貌，是整个仪表的重要环节，它反映一个人的精神面貌、朝气和活力，是传达给接触对象感官最直接、最生动的信息。仪表是指人的外表，它包括人的形体、容貌、健康状况、姿态、举止、服饰、风度等方面，是人举止风度的外在体现。

现代企业都十分重视树立良好的形象，咖啡店也不例外。咖啡店的形象取决于两个方面：一是所提供的咖啡产品与服务质量水平；二是员工的形象。在员工形象中，员工的仪容仪表是最重要的表现，在一定程度上体现了咖啡店的服务形象，而服务形象是咖啡店文明的一大标志。形象代表档次，档次决定价格，价格产生效益，这是一个连锁反应循环。

咖啡师直接向顾客提供服务，来自各地的顾客会对咖啡师的形象留下很深的印象。顾客对咖啡师的"第一印象"是至关重要的，而"第一印象"的产生首先来自咖啡师的仪容仪表。良好的仪容仪表，会令人产生美好的第一印象，从而对咖啡店产生积极的宣传作用，同时还可能弥补咖啡制作及咖啡店装修方面的某些不足；反之，不好的仪表仪容往往令人生厌，即使有热情的服务和一流的设施也不一定能给顾客留下好的印象。因此，注重仪表仪容是咖啡师的一项基本素质。为了向顾客提供优质服务，使顾客满意，咖啡师除了应具备良好的职业道德、丰富的业务知识和熟练的专业技能之外，还要讲究礼节礼貌，注意仪容仪表。

一、操作准备

准备工作服、鞋袜、穿衣镜、淡妆用品。（可根据实际情况调整数量。）

二、操作步骤

咖啡师岗前个人准备步骤见表4-1-2。

表 4-1-2 咖啡师岗前个人准备步骤

步骤	说明
着工作服	穿好工作服,佩戴工作牌 工作服必须整洁、合体、熨烫平整;系上所有纽扣,挂上挂钩,拉紧拉链;工作服无线头、无污点、无破损;袖口和裤脚不可挽起;口袋内不可放过多东西或显眼的杂物;笔不可露出衬衣或裤子口袋
整理仪容	男士头发:前不过眉、侧不过耳、后不过领 女士长发:用统一的深色发卡将长发盘起 女士短发:短发不可过肩,应梳理整齐、服帖;刘海必须整洁,不可遮过眉毛 面容准备:眼角无分泌物,鼻毛不外露;女员工应淡妆,用餐后及时补妆;男员工随时保持面部洁净清爽,坚持每天剃须;不得使用香味过浓的化妆品;指甲干净、修理整齐;不得留长指甲,指甲长度不得超过指尖;不得涂抹有色指甲油
佩戴饰物	工作时间不得佩戴夸张性饰物
准备鞋袜	鞋子:干净、整洁、无破损;皮鞋必须打油擦亮,不允许钉铁鞋掌 袜子:女士穿裙装时穿肉色长筒袜,穿裤装时穿肉色或白色短袜;男士穿深色或黑色袜子。袜子必须干净、无破损
做好个人卫生	每天刷牙,保持牙齿洁白、干净;经常洗手;口中不得有异味;避免使用香味过浓的香水;身上不得有浓重的烟味
管理情绪	工作时要有良好的精神面貌和平稳的情绪,保持面带微笑
提前到岗	提前 30 min 左右到岗,充分做好岗前准备

三、注意事项

上岗前,要提前约半个小时到岗,检查整理自己的着装并适当休息,调整好情绪,避免急急忙忙赶到,因为慌张而导致工作失误,甚至影响一天的工作情绪。

课程 2　咖啡接待服务

任务 1　咖啡迎送服务

咖啡店是现代城市不可或缺的组成部分,它不仅提供了良好的用餐环境和

高品质咖啡，更是一种生活方式，吸引了越来越多的顾客。

顾客到店消费，咖啡师首先要做好的是接待服务，接待服务大致划分为迎接、带位、指引入座、点单、送客等环节，每个环节都有相应的服务规程，做好服务，会使咖啡师的工作更为顺利，大大提高服务效率和服务质量。

把顾客引领入座后，如果是现场点单，需要给顾客送上菜单，并按照店里推出的咖啡产品做介绍。

一、按照饮品类型介绍

1. 单品咖啡

按照咖啡豆的产区、处理方式、冲煮器具及风味特点进行介绍，如云南普洱日晒加工咖啡豆，采用中度烘焙，手冲壶冲泡，具有热带水果、坚果、焦糖等风味，酸质明亮，中等醇厚度。

2. 调配咖啡

（1）按照甜度介绍。花式咖啡里会加入糖、蜂蜜、果汁、巧克力酱等辅料，甜度会有差异。如果顾客喜欢喝甜咖啡，可以建议其选择焦糖玛奇朵、摩卡咖啡等；如果不喜欢喝甜咖啡，可以推荐低甜的卡布奇诺咖啡或者美式咖啡等。

（2）按照特殊调味风格介绍。每个咖啡店都会开发一些创意调饮，可以根据产品风格及顾客喜好进行引导推荐。

二、按照饮品温度介绍

从温度的角度来看，咖啡饮品有冷饮、温饮和热饮，对喜欢喝冷饮的顾客，可以向其推荐冰咖啡；对喜欢喝热饮的顾客，可以向其重点介绍热咖啡。

一、操作准备

1. 场景准备

设计模拟咖啡店营业模式，邀请 1~2 名同学扮演顾客角色。

2. 工具与材料

咖啡饮品菜单 1 份、点单记录表 1 本、笔 1 支。

二、操作步骤

咖啡师迎送服务流程见表 4-2-1。

表 4-2-1 咖啡师迎送服务流程

步骤	说明
迎宾	当顾客进入咖啡店时,咖啡师应微笑并主动打招呼,可以根据具体情况灵活使用问候语,如:早上好!先生/女士,请问您一共几位?如果是熟悉的顾客,可以直接称呼某某先生或者某某女士 问候顾客时要有眼神交流,切忌低头或者背对顾客,要使用敬语 以先来的顾客优先服务为原则;为顾客接拿和寄存物品,观察分析顾客需求,并针对具体情况做出回应
带位	询问顾客是否预定位置,若有预定,引导顾客到预定位置入座;若未预定,按照顾客要求推荐座位并引导入座。尽量满足顾客选择座位的要求,若顾客对所引领的座位不满,应灵活改变带位方向 为顾客指示方向时,可配合规范手势指引,不可用手指指点点,不可背向顾客,身体应微侧,随时留意顾客的要求
入座	协助顾客入座,为儿童和女士拉椅子,切记不可发出声响
点单	介绍:询问顾客需要什么类型及口味的咖啡,如果顾客对饮品不了解,可分类说明介绍。介绍时,身体离桌子一尺左右的距离,双脚并立,腰微弯,面带微笑 记单:写单时,必须遵循由上往下的原则,既利于撕单,又可避免顾客再次点单时造成点单记录表的浪费,记单时先写台号、姓名,再写品名、数量 复单:点单结束后,要与顾客核对一遍,即将顾客所点的产品品名、数量及特殊要求等重复报给顾客听,确认写单是否有误,或是否需要添加其他产品 下单:待确定点单内容后,直接下单,目前基本是使用点单机直接通过点击按钮下单
送客	顾客起身离开时,应主动与顾客打招呼,并欢迎再来

三、注意事项

点单时要探悉顾客的口味,引导顾客消费,不能强迫顾客消费。为顾客介绍产品时,可以打手势,切忌手指或笔在餐牌上指点。当顾客提及某种产品时,要确认顾客是否要点此产品,而不是直接将此产品点击下单。

任务 2　咖啡呈送服务

当前,通过扫描二维码点单或者选择外卖是一种常态消费方式,省去现场点单的环节。当然,仍然有很多消费者会到店消费,饮品出品服务是非常重要

的环节。在饮品出品时,为提高效率和体现专业性,通常会用托盘进行出品服务。

一、托盘简介

托盘是咖啡店运送各种物品的基本工具。正确使用托盘,是每名服务人员的基本操作技能,同时可以提高工作效率、提高服务质量和规范餐厅服务工作。

二、托盘的种类及其用途

1. 按质地分类

托盘按质地可分为金属托盘(见图 4-2-1)、塑料托盘(见图 4-2-2)、木质托盘(见图 4-2-3)三大类。金属托盘通常使用不锈钢制作,多用于摆放物品;塑料托盘质地较轻,使用方便,具有防滑功能,多应用于服务行业;木质托盘用木材或竹材制成,一般用于盛装工艺品或作为装饰使用。

图 4-2-1 金属托盘

图 4-2-2 塑料托盘

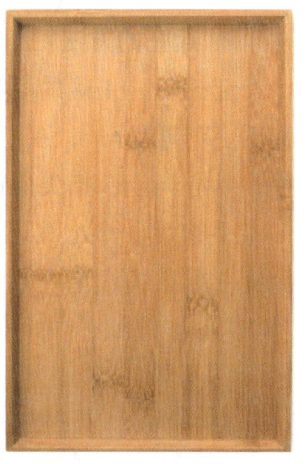
图 4-2-3 木质托盘

2. 按用途、形状分类

根据不同用途,托盘分为大、中、小三种规格,按形状分为圆形托盘(见图 4-2-4)和方形托盘(见图 4-2-5)。托送咖啡饮品通常使用中等大小的圆形托盘。

3. 按盛放重量和使用方式分类

托盘按所托物品重量分为轻托和重托。轻托适宜端托体积小、重量轻的物品;重托主要用于酒店里托运菜点、酒水,收拾餐具等。咖啡店主要使用轻托。

图 4-2-4　圆形托盘

图 4-2-5　方形托盘

三、托盘的使用方法

1. 理盘的方法

理盘是根据所托的物品选择适宜的托盘。在码放物品前，对于没有防滑处理的托盘，在托盘内应铺垫潮湿干净的垫布。垫布的大小要与托盘相适应，垫布的形状可根据托盘的形状来确定，使铺好垫布后的托盘既整洁美观，又方便实用。

2. 起托的方法

起托时，正确的姿势是服务员站于距操作台约 30 cm 处（按身高来调整距离），双脚要分开，双腿屈膝，略呈下蹲姿势，上身呈略向前倾，站稳，伸出左手，掌心向上，指尖向前与操作台平行，伸出右手拉拿托盘的边沿，将托盘移向左手掌及小臂处（见图 4-2-6），待托实后，双脚并拢并收回右手，同身体回到直立状，托盘起托后，左侧大臂呈垂直状，大臂与小臂成 90°，使托盘置于身体左侧胸前，端托时做到站稳、端平、托举到位、高矮适中。

图 4-2-6　起托

3. 托盘的基本方法

在咖啡店里，多使用轻托服务。轻托的基本要求是轻托托盘的左手掌伸平，五指分开伸直，指尖用力托起托盘后，将托盘的一部分（如长方盘的一角）搁在小臂上，借助小臂的力量将托盘托平。托盘时大臂垂直，小臂与身体成 90°平伸于胸前左侧，使手掌与托盘底托实，这样才能将托盘的重心全部掌握住。如遇顾客多时，右手臂可做保护托盘的姿势，便于出现意外时，能及时躲闪避让。

一、操作准备

1. 场景准备
设计模拟咖啡店营业模式，邀请 1 ~ 2 名同学扮演顾客。

2. 器具
圆形托盘 1 个、垫布 1 块。

3. 托送物品
1 杯咖啡、1 杯水、1 个水壶。（可根据具体情况调整。）

二、操作步骤

1. 理盘
根据所托物品选择合适的托盘，擦干净，如果托盘不防滑，则需在盘内垫上洁净的垫布并铺平拉齐，这样既整洁美观，又可防止盘内物品滑动，如图 4-2-7 所示。

2. 装盘
根据物品的形状、重量、体积和使用的先后顺序合理装盘。一般要求平摆，并根据所用的托盘形状码放。用圆形托盘时，码放物品应呈圆形，用方托盘时应横竖成行，但码放物品的重心都应在托盘的中心部分，摆放要均匀。圆形托盘物品摆放如图 4-2-8 所示。

3. 起盘
（1）伸出左手，掌心向上，五指分开，拇指朝左，以五指指腹及手掌根部托住托盘，手掌形成凹形中空，掌心不与托盘底部接触。

（2）左手上臂及下臂自然弯曲于左胸前成 90°，将托盘平放在左手掌上。

（3）将托盘平托于胸前，将重心掌握在左手掌心稍靠左胸处。

图 4-2-7 铺平垫布

图 4-2-8 圆形托盘物品摆放

（4）托盘时，前不贴腹，上臂不靠近身体，根据托盘的重量变化而做相应的调整，将托盘平稳托住。

4. 行走

头正臂平、上身挺直、注视前方、脚步轻缓、动作敏捷、步伐稳健、视野开阔；托盘时手腕轻松、灵活，如图 4-2-9 所示，切忌动作僵硬或使托盘摆动幅度太大。

图 4-2-9 托盘行走

5. 落托

将托盘放于工作台时，应先将体态调整到立正姿势，然后面向台面，左脚向前一步，上身前倾，双腿自然弯曲，使左手掌与台面处于同一平面上，然后用右手扶住托盘，左手慢慢向后收回，使托盘全部平放于台面上。

6. 饮品呈送

饮品呈送包括呈送水和呈送咖啡。呈送的饮用水应以八分满为宜，使用托盘将水杯端至顾客桌前，位于顾客右侧，用右手轻轻将水杯放置于顾客右手边。呈送咖啡时用右手端咖啡碟，从顾客右手侧放于其两手之间，端放咖啡时要轻拿轻放，咖啡勺平置于咖啡杯前，咖啡杯耳和咖啡勺柄朝向顾客右侧，摆放咖啡时要平稳，不能使咖啡液溢出，在摆放过程中，手指不能接触杯口。

三、注意事项

1. 在出品前要检查餐具、器皿、产品的卫生，并确认是不是顾客所点的产品，按品名、台号、数量准确迅速地送到顾客面前，左手持托盘，右手上产品，握杯时拿器具的位置应放在离杯口至少占杯体的三分之一处，不要用力碰出声音，杯具的标志面朝顾客。

2. 呈送饮品时需要使用礼貌用语，例如，"打扰一下，先生/小姐让您久等了，这是您点的××，请慢用。"产品不能一次性上完的情况下应说："××（产品）稍后就到，请稍等。"产品上齐后应该说："您的产品已经全部上齐，祝您愉快！"

3. 应努力做到同一张桌子的每个顾客的产品同时呈送，出品后签名确认，退后一步，转身离开，身体微侧，左手应随时注意重心变化，托盘或产品不可越过顾客头顶或桌面，收撤时，将高的、重的玻璃器具放在托盘中心。

4. 观察顾客桌面的饮品，了解是否需要跟进服务，如是否需要清理台面上的空杯、垃圾，是否需要补水等。跟进服务需要注意以下几点：

（1）先礼貌询问顾客是否需要加水及清理台面；水倒八分满，轻轻放置在顾客右手侧。

（2）清理应该使用托盘一次性完成，不能反反复复，影响顾客体验，清理过程中要轻拿轻放。

（3）清理完杯具和垃圾后，必须用干净的清洁布将台面擦拭干净。

（4）若有需要更换的用品应该及时更换补充，如餐巾纸等。

任务 3　收银服务

收银是咖啡店里重要的工作之一，随着电子业务的兴起，收银方式不仅仅是传统收取现金的模式，更多的是电子收费模式。在进行日常结账服务时，需

注意向顾客说明可支付的方式并确认点单物品及数量。

一、当面核实点单物品及数量

1. 向顾客核实所选咖啡或其他搭配食物的名称及数量。
2. 对于消费前下单的，需要与顾客确认即将消费的金额；对于已经消费结束的，需要确认已经消费的金额。
3. 询问顾客使用的支付方式，如现金、刷卡、微信、支付宝或者会员卡等。

二、现金支付

若是现金支付，现场点清金额。

三、电子支付

若是电子支付，需向顾客说明可通过扫描二维码或直接进入品牌小程序结算。支付结束，顾客通过电子菜单系统直接选择已支付的订单，系统自动打印商品小票，也可将小票打印后递到顾客手上，提醒顾客通过小票取餐，或者作为开具发票的凭证。

四、开具发票

若是顾客要求开具发票，需要提供开票服务。

五、收银员的职责

收银员需要具备良好的运算能力和服务意识，以确保顾客支付顺利，并为顾客提供优质的服务体验。收银员的工作流程需要遵循咖啡店的管理政策和程序，并配合其他员工做好协助和沟通工作，以提高工作效率和服务水平。

一、操作准备

1. 场景准备

设计模拟咖啡店营业模式，邀请 1~2 名同学扮演顾客。

2. 设备与器具

打印机 1 台、计算机 1 台、订单记录本 1 份、发票填写模板 1 份。

二、操作步骤

咖啡店收银服务基本流程见表 4-2-2，咖啡店开票基本流程见表 4-2-3。

表 4-2-2　咖啡店收银服务基本流程

步骤	说明
收银准备	收银员到岗之前，需要先列出收银所需的现金和零钱，并清点金额 检查收银机的各项功能，确保机器正常运行
招呼顾客	收银员需友好地向进入店内的顾客打招呼，主动提供帮助
记录订单	当顾客点完菜或选择咖啡饮品后，收银员需要耐心地聆听，并将顾客的点单记录在订单系统中。如果没有订单系统，则将其手动记录在工作票或订单记录本上
结算费用	当订单准备好后，收银员需要根据菜单上的价格或收银系统上的价格计算顾客需要支付的费用。如果有促销活动或折扣，要通过收银系统进行相应的计算，并确保顾客享受到相应的优惠
接受付款	收银员询问顾客是采取现金还是电子支付方式进行支付。如果是现金支付，收银员需要将金额输入到收银机中，并为顾客找零。如果是电子支付，收银员需要熟练操作 POS 机等相关设备进行收款
打印收据	在结算完成后，收银员需要打印收据，确认交易金额和项数与订单相符 如果没有打印机，可以手写收据，并在其上方签名或盖店铺印章

表 4-2-3　咖啡店开票基本流程

步骤	说明
询问开票信息	对顾客说："您好，请您提供一下发票抬头及税号，谢谢。" 双手接过顾客提供的开票信息
开票	认真仔细核对顾客提供的发票抬头及税号，避免发生错误 以顾客实际支付金额为准开具发票，不可多开、转让、代开
登记发票	登记好该发票的开票日期、发票抬头、税号、金额、开票人、开票时间等信息
确认盖章	若是纸质发票，确认无误并在发票空白处盖章后即可递给顾客。若是电子发票，需要发送至顾客指定的邮箱或者微信
送客	提醒顾客带好随身物品，手势指引出门方向，礼貌表达欢迎再次光临

以上为咖啡店收银员的典型工作流程，不同咖啡店会有所差异，需进行差异化学习。

三、注意事项

1. 收银时要做到精神饱满、举止文雅、态度友善，对顾客服务时必须面带微笑，以"请"字当头、"谢谢"结尾。

2. 收款时必须做到唱收唱付，收顾客钱款时说"您消费多少钱""收您多少钱"和"找您多少钱"。

3. 顾客付钱离开时，必须提醒顾客带好随身物品，运用礼貌用语欢迎再次光临。

4. 时刻留意重要易耗品的使用情况，如发票纸、打印纸、订书钉、笔、便签等，如有缺损及时补充、更换。

课程3　咖啡店营业结束及区域清洁

任务1　结束营业流程

结束一天的营业，需要根据门店营运情况合理做好结束后的工作，确保店内卫生、整洁、原辅料使用量和剩余量匹配等。营业结束，应检查有无顾客遗留物品，如发现顾客遗留物品，应尽快交还顾客；如顾客已离开，应及时上交给领班或餐厅经理，登记记录，并尽快和顾客联系送还。

要等顾客全部离开后，再清洁整理咖啡店。工作内容包括清理咖啡店、完成每日工作报告、清点原辅料、检查火灾隐患、关闭电器开关等。

一、操作准备

1. 设备与器具

（1）设备。半自动咖啡机、咖啡研磨机、冰箱。（可根据实际情况调整数量。）

（2）器具。手冲壶、分享壶、奶缸、雪克壶、压粉器、布粉器。（可根据实际情况调整数量。）

（3）杯具。咖啡杯、水杯、咖啡勺等。（可根据实际情况调整数量。）

2. 物料

新鲜咖啡豆、水果、糖浆、牛奶等。（可根据实际情况调整数量。）

3. 清洁剂

中性洗涤剂、咖啡机专用清洁粉等。（可根据实际情况调整数量。）

4. 清洁工具

口布1块、清洁布2块、咖啡冲煮头清洁刷1把、垃圾袋若干。（可根据具体情况调整。）

5. 记录工具

原辅料记录簿、笔。（可根据实际情况调整数量。）

二、操作步骤

咖啡店结束营业流程见表4-3-1。

表4-3-1 咖啡店结束营业流程

步骤	说明
清理咖啡店	将用过的咖啡杯及器具全部收拾后送清洗间清洗，消毒后放回指定位置 收拾好咖啡豆，放回指定位置，存放柜要上锁，防止丢失 剩余的水果辅料及装饰物要放回冰箱中保存，并用保鲜膜封好 处理已开罐的汽水和其他易拉罐饮料（果汁除外），不能放到第二天再用 清理垃圾桶内的垃圾，并清洗垃圾桶，否则店内会因垃圾发酵而充满异味 单据表格夹好后放入柜中并上锁，钥匙交由专人负责保管 咖啡操作台、收银台、咖啡机等要用湿清洁布擦拭，水池用清洁剂清洗
每日工作报告	将当日营业额、顾客人数、平均消费、特别事件和顾客投诉等整理成报告，便于掌握咖啡店的营业详细状况和服务情况
清点原辅料	把当日所销售的原辅料按第二联供应单数目及咖啡店现存的原辅料确切数字填写到原辅料记录簿上，要细心，不准填错或弄虚作假
检查火灾隐患	检查咖啡店，查看火灾隐患，如烟头，消除火灾隐患
关闭电器开关	除冰箱和紫外线灯以及其他不能断电的设备外，所有的电器开关都要关闭，包括照明、咖啡机、咖啡炉、电动搅拌机、空调和音响等
锁好门窗	检查窗户是否关好，确定锁好门后再离开咖啡店

三、注意事项

结束营业后的工作既细又杂，需要耐心和细心。为达到良好的学习训练效果，可探访咖啡店，与店主沟通协商，在真实咖啡店内完成咖啡厅结束营业后的工作学习训练。

任务2　营业区域日常清洁

咖啡店的清洁工作主要是营业区内设备、台面和器具的日常清洁及区域内的消毒。

一、营业区日常清洁工作

咖啡店作为人们聚会、休闲的重要场所，人们到店消费，除了追求饮品带来的享受外，对咖啡店的卫生也会非常注重。所以咖啡店内器具、咖啡店前厅、吧台等区域的日常清洁非常重要。要做到眼见之处无杂物、手触之处无粉尘、空气清新无异味。

二、营业区域消杀

咖啡店作为休闲娱乐场所，需要保持干净卫生的环境。为了保障顾客的健康和安全，咖啡店里需要定期进行消杀，消杀范围包括咖啡店环境和设施（咖啡店前置区域、地面、咖啡店备料间、储物间、员工休息区域、操作台面等）、咖啡设备（咖啡机、咖啡研磨机、制冰机、冰箱、果汁机等）、器具（奶缸、摇壶等）、工作人员自身（工作服、围裙、手部等）等。

选用符合安全标准的消毒液，针对需要消杀的区域进行消杀；每次消杀结束后，消杀人员须在消杀登记台账上签字，并将当天消杀记录报告单存档；各区域负责人须对区域消杀的情况进行反馈，店长对消杀情况进行督查。

一、操作准备

1. 设备与器具

（1）设备。半自动咖啡机、咖啡研磨机、冰箱。（可根据实际情况调整数量。）

（2）器具。手冲壶、分享壶、奶缸、雪克壶、压粉器、布粉器。（可根据实际情况调整数量。）

（3）杯具。咖啡杯、水杯、咖啡勺等。（可根据实际情况调整数量。）

2. 清洁工具

拖把、口布、清洁布、咖啡冲煮头清洁刷。（可根据实际情况调整数量。）

3. 清洁剂

中性洗涤剂、咖啡机专用清洁粉等。（可根据实际情况调整数量。）

4. 其他

消杀液、消杀工具等。（可根据实际情况调整数量。）

二、操作步骤

咖啡店日常清洁内容见表 4-3-2。

表 4-3-2 咖啡店日常清洁内容

清洁内容	说明
咖啡机	要及时清洁咖啡机的表面、滤水盘等 清洁咖啡冲煮头：用咖啡冲煮头清洁刷清洁咖啡冲煮头分水滤网、胶圈部分沟槽 清洁粉碗：取下粉碗及固定铁圈进行清洗 清洁蒸汽管：用专用清洁布清洁蒸汽管
咖啡研磨机	要及时清洁咖啡研磨机表面以及残粉盘洒落的咖啡粉、出粉口残粉等
操作台面	要及时用半湿的或有清洁剂的清洁布擦拭清洁工作台正面，小型机器所处位置需移动清洁 关注操作台侧面及转角处污渍，及时清洁
其他机器	要及时清洁冰箱门及内侧，保持无可见污渍状态
常用器具杯具类	奶缸：将使用后的奶缸用标准的清洁方法及时清洗干净并归位 清洁布：用清水冲洗干净并拧干，如有擦过牛奶或糖浆的需使用洗洁精多次仔细清洗 蒸汽管清洁布：用清水冲洗干净并拧干，若清洁过牛奶，需用专用消毒水浸泡清洗，或高温消毒 冲煮器具：使用结束及时清洁冲煮器具，如手冲壶、分享壶等 其他器具：用清水清洗搅拌棒、粉锤、量杯、布粉器等 杯具：水杯、奶杯、咖啡杯、咖啡勺、咖啡碟等随用随清洗，高温消毒
地面	随时留意地面卫生，用扫把清洁地面残粉，用拖把拖去咖啡渍和水渍
区域	定期对咖啡店工作台面、设备表面、前置区域、备料间、储物间、员工休息室等区域进行消杀

三、注意事项

1. 日常清洁是咖啡店营业中的重要工作内容,需要有较强的卫生意识,养成良好的清洁习惯。

2. 在日常清洁中,不同的区域会使用到清洁布,如操作台面、咖啡机等,清洁布的使用应按照功能进行区分,不要交叉使用。

3. 清洁器具时,注意轻拿轻放,避免磕碰,拆卸清洗过程中避免零件丢失,复位后注意检查各零部件是否归位、完整。

第二部分
中级咖啡师技能

模块 5

咖啡推介与制作展示

课程 1　咖啡产品推介

随着人们对咖啡的热爱与日俱增，各种不同的咖啡饮品也应运而生。在众多的咖啡品种中，不同的咖啡饮品因其独特的口感和制作工艺而各具特色。为提高品鉴享受，除了单独饮用之外，咖啡还可以与不同的轻食进行搭配，以提升口感和风味。所以，咖啡师可以根据咖啡饮品的风味特点、轻食营养成分和个人需求推荐咖啡产品。

任务 1　咖啡饮品推介

知识准备

一、单品咖啡

单品咖啡是指单一品种的原产地咖啡豆冲煮制成的咖啡饮品，能充分展现出品种、产区的地域风味风格。因其保留天然风味，香气浓郁，滋味和谐，口感或清新柔和，或香醇顺滑，所以价格也比较贵。例如，埃塞俄比亚的耶加雪菲咖啡有白色花、柠檬和蜂蜜般的甜香气，口感清新明亮，果酸柔和；印度尼西亚的曼特宁咖啡有杉木、草本、香料等风味。单品咖啡饮用时一般不加入奶、糖制品及其他辅料，重在品鉴原汁原味的天然风味，适合推荐给对咖啡品质要求高、喜欢原味黑咖啡且具有一定品鉴经验的顾客。

二、意式浓缩咖啡

意式浓缩咖啡是在高温高压条件下用半自动咖啡机制作而成的,通常采用拼配咖啡豆制作,咖啡液浓度高,表层带有红棕色或金黄色的咖啡油脂,香醇浓厚、口感强烈,适合推荐给喜欢喝浓咖啡且具有一定咖啡品鉴经验的顾客。

三、美式咖啡

美式咖啡使用美式滴滤咖啡机制作而成或将意式浓缩咖啡按一定比例加水稀释制作而成,整体风味比较清淡。也可在意式浓缩咖啡中加入适量冰块,制作成冰美式咖啡,在夏天饮用比较清凉爽口。美式咖啡适合喜欢清淡口感的顾客饮用,也是咖啡店的常见饮品之一。

四、花式咖啡

花式咖啡是在单品咖啡或意式浓缩咖啡中添加牛奶、牛奶奶泡(沫)、奶油、香辛料、果汁等辅料制作而成的调味咖啡。花式咖啡使咖啡风味多样化,满足不同顾客的需求。例如:

· 摩卡咖啡。摩卡咖啡是一种以巧克力酱、奶油和牛奶为主要配方的意式咖啡。其整体风味有着浓厚的巧克力和牛奶味,带有甜度和奶油的柔滑感,深受巧克力爱好者的喜爱,适合推荐给喜欢巧克力风味及甜味的顾客。

· 拿铁咖啡。拿铁咖啡是以意式浓缩咖啡为基底,加入蒸汽打发后的牛奶奶泡(沫),咖啡比例较少,牛奶多,奶泡(沫)薄,其口感相对柔和,既有浓缩咖啡的浓郁味道,又有牛奶的柔滑感。拿铁咖啡是最受欢迎的花式咖啡之一,适合推荐给喜欢牛奶味的顾客。

以上只是列举了常见类别的咖啡饮品,具体的种类比较多,通常每家咖啡店都会推出自己的特色饮品,咖啡师应熟悉不同咖啡饮品的特点,能够根据顾客的需求提供建议。

一、操作准备

1. 工具与器具

菜单1份、样品品尝杯若干。

2. 物料

手冲咖啡。

二、操作步骤

1. 与顾客沟通，了解顾客需求及其喜好的咖啡类型、浓度、甜度等。

2. 介绍店内咖啡饮品类型。咖啡饮品推荐方法如下。

（1）介绍饮品类型。重点介绍单品咖啡和花式咖啡两大类别。如果是单品咖啡，那么重点向顾客介绍不同品种、不同产地的咖啡豆，并介绍这些咖啡豆在不同烘焙程度时的风味特点，必要时推荐适宜的冲煮方式。如果是花式咖啡，那么介绍这款花式咖啡的配方及风味特点。

（2）介绍饮品温度。根据季节及天气情况，说明饮品温度及口感特点，根据顾客反馈，有针对性地推荐所需饮品。

（3）提供品尝样品。为顾客提供不同品种、不同风味的品尝样品，辅助他们选择自己喜欢的咖啡类型。如将冲煮好的手冲咖啡倒入品尝杯供顾客品饮，并介绍风味，引导品饮。

三、注意事项

推荐饮品过程中，必须注意沟通细节和技巧。

1. 说话时必须正面面对顾客，要有眼神交流，面带微笑地打招呼，例如，"您好"。

2. 要做到主动询问，比顾客先开口，例如，"您好！请问您需要什么类型的饮品？是否需要帮忙推荐？"或者主动推荐店内的特色饮品，例如，"您好！店内的××带有××风味，您可以尝试一下哦。"

3. 沟通过程中需要热情、细心、耐心且有分寸。

任务2 咖啡与轻食搭配推介

《轻食营养配餐设计指南》（T/CCA 025—2022）中指出，轻食是以单份或套餐形式提供给消费者，控制总能量的营养配餐食品。轻食与咖啡搭配的目的是追求口感平衡，提供良好的味觉感受。另外，各种轻食能提供人体所需的营养，咖啡能够提神醒脑，提高注意力和工作效率，轻食与咖啡搭配适合工作繁忙的

人群，为人们提供快速而健康的餐点选择和丰富多样化的用餐体验。

常见轻食有甜点类，如提拉米苏、三明治、瑞士卷、芝士、吐司、贝果、饼干等；坚果类，如澳洲坚果、腰果、夏威夷果、杏仁、核桃等；沙拉类，如水果沙拉、蔬菜沙拉等；高蛋白肉类，如鸡胸肉、鱼肉等。

咖啡与轻食搭配是一门艺术，也是一门学问。一方面涉及味道的和谐与互补，可选用味道相近的食物搭配，如中度烘焙的黑咖啡有浓郁的坚果类香气，酸甜苦滋味平衡，可选用坚果类作为轻食搭配；另一方面涉及营养健康，选用与咖啡搭配的轻食要在控制总热量摄入的同时保证优质蛋白质和碳水化合物的含量，可选用鸡胸肉、全麦面包等。

一、操作准备

1. 工具
菜单 1 份。

2. 轻食
坚果 1 份、饼干 1 份、提拉米苏 1 份、水果沙拉 1 份。

二、操作步骤

1. 与顾客沟通，了解需求，明确所选用咖啡类型及其对轻食的喜好。

2. 介绍店内的轻食，根据顾客所选饮品，推荐与哪些轻食搭配比较合理。咖啡与轻食搭配方法推荐示例如下。

（1）咖啡与坚果搭配。坚果油脂丰富，香气浓郁，风味独特，咀嚼后所营造的口腔触感细腻，余韵悠长，可与中深度烘焙的单品咖啡搭配，提升咖啡的口感顺滑度。澳洲坚果、杏仁、巴旦木、榛子和核桃等坚果适宜作为单品咖啡的伴侣。

（2）咖啡与甜点搭配。如意式浓缩咖啡与饼干搭配，意式浓缩咖啡浓度高，口感特征比较强烈，饼干有一定的甜味，咖啡的苦味与饼干的甜味互相掩盖，使得味道平衡，口感顺滑。又如美式咖啡与提拉米苏搭配，美式咖啡味道清爽，适合与甜香的轻食搭配。提拉米苏是一种带有甜香味，口感滑腻的轻食，与美式咖啡搭配可以激发咖啡的风味。

（3）咖啡与沙拉搭配。冰咖啡口感清凉，水果沙拉果味充足，口感清爽，两者搭配食用能给人带来清新的味觉体验。

三、注意事项

以上介绍的示例只是常见的搭配指南，在进行轻食与咖啡搭配时，因轻食种类多，咖啡饮品也比较丰富，可以根据个人口味和偏好进行创新搭配，也可以根据季节进行搭配选择，以提供更加丰富多样的轻食与咖啡搭配体验。

课程 2　咖啡制作展示

咖啡已经成为很多人生活中不可或缺的一部分，除了给人们带来愉悦的嗅觉、味觉享受外，也能带来视觉享受。

咖啡作为一种具有浓郁艺术性的饮品，是自然与美学艺术的结合，咖啡技艺展示主要体现在三个方面：一是咖啡豆信息的介绍；二是制作过程展示；三是咖啡杯及其装饰展示。

任务 1　冲煮咖啡技艺展示及风味介绍

知识准备

一、咖啡豆信息介绍

不同类型的咖啡豆，会因品种、种植环境、处理方式、烘焙方式及冲煮方法的不同而有很多差异。咖啡师在冲煮咖啡时，为提升顾客体验及推广咖啡文化，需要采用介绍的方式展示咖啡豆的信息及风味。

1. 三大产区咖啡豆风味介绍

（1）非洲产区。非洲产区咖啡豆的风味特点是香气丰富，有花香和果香；果酸明亮，醇厚度相对偏低，整体风味是水果调性。主要生产国有埃塞俄比亚、肯尼亚、坦桑尼亚、乌干达等。如埃塞俄比亚种植的耶加雪菲咖啡豆，有独特的柠檬香、花香和蜂蜜般的甜香气味，果酸明亮，口感清爽，有柑橘汁的风味调性，常常被用来制作单品咖啡。

（2）中南美洲产区。中南美洲产区咖啡豆的风味特点是有核果类香气，酸味适中，甜度适中，口感醇厚，余韵悠长，带出坚果和可可香，风味比较平衡。主要生产国有巴西、哥伦比亚、巴拿马、哥斯达黎加、危地马拉等。如巴西产区的咖啡带有淡淡的青草香气，中低强度的酸味，略带苦味，口感滑顺，没有特别出众的优点，但是也没有明显的瑕疵，适合制作意式浓缩咖啡和各种花式咖啡基底。产自巴拿马的瑰夏豆，有明亮的酸质，浓烈的花香，口感顺滑，风味饱满，是优质的精品咖啡豆。

（3）亚洲产区。亚洲产区咖啡豆的典型风味特点是有草本类、坚果类和香料的香气，质感醇厚，余韵悠长，酸度适中。主要生产国有中国、印度尼西亚、越南、印度等。我国的云南咖啡近些年越来越优秀，所生产咖啡酸质明亮、醇厚度高；越南主要生产罗巴斯塔豆，多用于制作速溶咖啡；印度尼西亚则有独特湿刨法处理的曼特宁咖啡。

2. 不同处理方式咖啡豆风味介绍

（1）日晒处理豆。日晒处理豆即干法加工豆，是将咖啡鲜果采收后，经过分选不脱果皮果胶，直接进行干燥得到的咖啡豆。自然干燥通常需要2～4周甚至更久的时间，具体与天气状况有关。也可使用机械干燥，通过控制干燥温度和空气流动风速度来控制，进而影响咖啡风味。干燥后水分含量为12%左右为宜。日晒处理豆的香气丰富，酸甜适中，口感醇厚。

（2）水洗处理豆。水洗处理豆即湿法加工豆，是将咖啡鲜果采收后，先去除外果皮、果肉及果胶，去除果胶的方式可以用机械脱胶，也可以将黏附着果胶的带壳豆置于水槽中发酵脱胶，使果胶中糖分分解，接着用清水冲洗羊皮纸外的所有残余物，再进行干燥得到的。发酵脱胶完成的时间为12到72小时不等，具体与发酵温度、果实成熟度等有关。由于少了果皮、果肉及果胶，干燥时间大大缩短，干燥后水分含量以10%～11.5%为宜。水洗处理豆相较日晒处理豆，酸度明亮，口感干净清爽。

（3）蜜处理豆。蜜处理豆即半湿法加工豆，是将咖啡鲜果采收后，经过分选，脱除外果皮，带部分果胶直接干燥得到的。干燥后水分含量以10%～11.5%为宜。相比于水洗处理豆，蜜处理豆的甜度更好，酸度更柔和。

二、咖啡制作过程展示

制作现磨咖啡的器具类型很多，每种器具都有各自的特点，冲煮出来的咖啡风味也各具特色。咖啡师在冲煮咖啡时需要结合咖啡器具的特点及冲煮方式，配合制作节奏及服务展示制冲煮技艺和专业度。

三、咖啡服务展示

在服务环节,咖啡师要做到微笑服务,可重点介绍饮品风味。

咖啡技艺展示在咖啡师比赛中是一项重要的评分项,考查咖啡师制作流程设计是否流畅、是否有充分的互动、动作节奏是否能给顾客带来轻松愉悦的观赏体验、品饮指引是否清楚、是否有代入感等。

四、冲煮咖啡展演技巧

1. 冲煮展演前确认咖啡豆及冲煮参数

(1)明确咖啡熟豆信息,包括品种、产地、处理法、烘焙度、烘焙日期、包装质量等。

(2)明确咖啡豆基础风味,对咖啡豆进行杯测,了解咖啡豆的品质,或者从商家获取相关信息。

(3)确定冲煮器具,如虹吸壶、手冲壶等。

(4)量化基础冲煮参数,包括粉水比、研磨粗细度、冲煮用水、萃取时间、过滤介质、搅拌次数等。

(5)布置操作台面。操作台面大小、使用的器具及配件应准备充分,确保所使用工具干净卫生,所有物品要整齐合理地摆放。

(6)布置品鉴桌。品鉴桌的布局应整洁、有序,避免杂乱无章,可铺垫桌布和添置简单的装饰物品,色彩搭配应和周围环境的色彩搭配和谐统一。咖啡品鉴桌布的选用兼顾实用性和美观性,如棉麻布艺材质的桌布天然、透气、吸水性好,能够带来温馨舒适感,也可根据周围场景情况选用复古、民族风等。放置的装饰品可选用绿植或艺术品等,但不应用有气味或过于复杂的造型,以免干扰顾客鉴赏咖啡的天然风味或分散品鉴注意力。

2. 冲煮阶段

(1)配合冲煮操作,边操作边介绍咖啡豆的信息、冲煮参数、冲煮方法及咖啡风味。

(2)根据冲煮节奏,适时与顾客互动,互动方式可以是抬头向顾客微笑,要有眼神交流,或引导顾客鉴赏咖啡风味等。

(3)冲煮时站姿要自然,与操作台保持适宜的距离,约为小臂的长度,不宜紧贴近操作台,着装应方便操作,佩戴围裙。

3. 服务阶段

饮品制作结束,需进行呈送服务,从以下几个方面做好展示:

（1）向顾客介绍饮品品鉴方法以及饮品在不同温区的风味情况。
（2）给顾客提供水、纸巾及其他辅料等。

一、操作准备

1. 设备与器具

（1）设备。咖啡研磨机 1 台。

（2）器具。电控手冲咖啡壶 1 个、V60 滤杯（V01）1 个、V60 滤纸（V01）1 张、分享壶 1 个、咖啡量勺 1 把、咖啡粉杯 1 个、托盘 1 个。

（3）杯具。咖啡杯 1 个、咖啡勺 1 把、水杯 1 个、纸巾碟 1 个。

（4）称量工具。电子秤 1 台。

2. 物料

新鲜咖啡熟豆（普洱产区、水洗处理、中度烘焙）30 g。

3. 清洁工具

清洁布 1 块、口布 1 块、研磨机清洁刷 1 把。

4. 冲煮用水

水温 90 ℃ 左右。

5. 品鉴桌布置

在品鉴桌上铺垫干净整洁桌布，要求布置整洁、器具摆放有序。

6. 冲煮咖啡豆及冲煮参数信息

（1）咖啡豆信息。产区：云南；加工方式：水洗处理；品种：卡蒂莫；烘焙度：中度烘焙（咖啡豆色值 68；咖啡粉色值 73）；杯测风味：坚果、柑橘、红茶，中等醇厚度。

（2）冲煮参数设计

1）粉水比例。使用 20 g 咖啡粉量、1 ∶ 14 的粉水比、280 g 水。

2）研磨度：中细度研磨。

3）水温：90 ℃。

4）注水方式。采用三段式注水法。第一次细水流注水焖蒸，焖蒸水量 40 g，焖蒸时间为 20 s；第二次由中心点开始绕圈式注水，中等注水速度，注水量至 200 g，预计时间为 60 s；第三次加大水流，由滤杯外侧开始向内绕圈式注水至 280 g，预计时间为 40 s。总萃取时间为 2 min。

（3）冲煮展演技巧。着装应干净整洁，佩戴围裙，站姿自然，冲煮操作动作节奏适宜，边操作边介绍这款咖啡豆的信息、本次制作的冲煮参数和冲煮方法，冲煮过程中面带微笑，用眼神交流方式与顾客互动。

（4）冲煮咖啡风味

1）高温时，有浓郁的坚果、焦糖香气；中低强度的柑橘酸质；口感顺滑；余韵悠长并且伴有烤杏仁和红茶气味；风味表现以柑橘、红茶为主调性。

2）中温时，有坚果、红茶的香气；中等强度的柑橘酸质；口感偏水；余韵短并且伴有红茶气味；风味表现以柑橘、红茶为主调性。

3）低温时，有草本的香气；中等强度的柑橘酸质；口感偏水；余韵短并且伴有草本气味；风味表现以柑橘、草本为主调性。

二、操作步骤

1. 研磨咖啡豆

（1）清洁研磨机。用少量的咖啡豆（3~5 g）预研磨，清洁研磨机。

（2）研磨咖啡豆。使用电子秤称取 20 g 咖啡豆进行研磨，采用中度研磨，研磨结束立即用清洁刷清洁附着在研磨机上及洒落的银皮和细粉等。

2. 折叠滤纸

将滤纸沿着折线部分折叠、压紧。

3. 润洗滤纸

将滤纸放入滤杯用热水润洗滤纸 2~3 次，整片滤纸需要被润湿，让滤纸贴在滤杯上，同时确保滤杯被温热，在 2 min 以内开始萃取，以免滤杯降温。

4. 萃取

（1）萃取准备。把咖啡粉倒入滤杯里，侧敲滤杯外侧或轻轻摇晃滤杯使粉表层平整，但不要用力拍打，以免粉层过于紧实。

（2）第一次注水。用 90 ℃的水以细水流注水焖蒸，焖蒸水量为 40 g，焖蒸时间为 20 s，确保所有咖啡粉均被水浸湿。

（3）第二次注水。由中心点开始向外绕圈式注水，中等注水速度，注水量至 200 g，自然滴滤，计时 60 s。

（4）第三次注水。等滤杯内水滴滤至能明显看到咖啡粉层凹陷时，加大水流，由滤杯外侧开始向内绕圈式注水，注水量至 80 g，计时 40 s。

5. 出品

（1）摇动分享壶，使得咖啡液被摇匀。

（2）按照出品要求进行摆盘，将冲煮好的咖啡倒入咖啡杯，咖啡杯放置在咖啡杯碟上，放上咖啡勺、温水和纸巾一起呈送。呈送时提醒顾客咖啡烫口，需小心饮用。同时介绍咖啡饮用方式和风味。

6.清洁

（1）制作过程中要随手清洁，保证操作台面干净，无明显的粉尘、水渍或咖啡渍等。

（2）完成制作时，清洁整个操作区域内的台面，所用器具恢复到准备工作时的清洁状态。

三、注意事项

1. 萃取操作过程中，把以上冲煮参数和方式通过讲述的方式介绍给顾客。

2. 手冲壶冲煮咖啡展演在操作流程层面与"模块3课程2任务1手冲壶冲煮咖啡"的操作步骤基本是一致的，但需要展演冲煮技艺，对咖啡师的基础知识、冲煮技能、语言表达、服务能力等要求较高。需要在熟练掌握冲煮流程的基础上融入咖啡师对所冲煮咖啡的理解，能准确介绍咖啡豆的信息，阐述咖啡冲煮参数、冲煮方式与咖啡呈味之间的逻辑关系，引导顾客品鉴感受咖啡风味，提升顾客的消费体验。

3. 咖啡冲煮展示会因冲煮器具不同而在冲煮环节有所差异，如虹吸壶冲煮咖啡的观赏性比较强，展演过程中难度会更大。

4. 咖啡冲煮技艺展示还需结合实际的场景，如是在咖啡店还是展览会等，根据实际情况斟酌展演内容。

任务2 意式浓缩咖啡技艺展示及风味介绍

意式浓缩咖啡主要采用半自动咖啡机制作，不像冲煮咖啡有不同类型的器具，但以意式浓缩咖啡为基底，可以制作出很多调味的花式咖啡，可以从咖啡豆、意式浓缩咖啡萃取过程和服务过程等环节进行展示。如果是花式咖啡，还需要介绍咖啡中加入辅料的目的、特点、制作方法及各个成分在咖啡中所占的比例。

一、意式咖啡豆风味介绍

咖啡豆的介绍应与冲煮咖啡一致，但在意式浓缩咖啡里特别需要介绍意式咖啡豆的拼配情况。意式咖啡豆通常会把两种或两种以上不同品种的咖啡豆或者相同品种不同烘焙程度的咖啡豆按一定的比例进行混合。混合拼配的目的是使不同咖啡豆互相取长补短,调和出风味绝佳的混合咖啡豆。拼配方式有以下三种。

1. 商业拼配

哥伦比亚(阿拉比卡种)咖啡豆、巴西(阿拉比卡种)咖啡豆、越南(罗巴斯塔种)咖啡豆的拼配比例为3∶6∶1;烘焙度:深度烘焙。这种拼配豆萃取出来的意式浓缩咖啡油脂丰富,有坚果、黑巧克力的风味,有焦糖的甜感,微微甘苦,酸甜平衡,余韵持久,可以用作花式咖啡或咖啡拉花等。

2. 基础拼配

云南咖啡豆按照不同烘焙度进行拼配,中度烘焙咖啡豆和深度烘焙咖啡豆的拼配比例为4∶6。这种拼配豆萃取出来的意式浓缩咖啡具有坚果、黑巧克力风味,有柔和的果酸,焦糖的甜感,口感黏稠顺滑,比单独用中度烘焙的咖啡豆萃取油脂更丰富,口感更顺滑,酸味更柔和,比单独用深度烘焙的咖啡豆萃取甜度更好。

3. 精品拼配

哥伦比亚咖啡豆和云南咖啡豆的拼配比例为3∶7;品种:阿拉比卡种;处理方式:湿法加工;烘焙度:中深度烘焙。这种拼配豆萃取出来的意式浓缩咖啡有淡淡的草本香和浓郁的坚果类香气,入口滑顺,略带苦味,余韵持久,酸质柔和,整体风味平衡,油脂细腻等。

意式咖啡豆的拼配需要弄清楚单一产地的咖啡风味,再尝试组合拼配,以上拼配仅供参考,具体要以实际的咖啡风味为准。

二、意式浓缩咖啡萃取过程展示

意式浓缩咖啡制作过程中的取粉、填粉、布粉、压粉、萃取等都是连贯操作,制作展示需要咖啡师在操作时注重动作流畅程度,边操作边介绍意式浓缩咖啡的萃取参数。

三、咖啡产品展示

意式浓缩咖啡可以从饮品外观,主要是油脂质地和均匀度的角度观赏,咖啡拉花还可重点展示奶沫技艺、意式浓缩咖啡与牛奶奶沫融合技艺等。以意式浓缩咖啡为基底的创意花式咖啡的另一个鉴赏点是咖啡杯及其装饰物。咖啡杯的形状、材质、大小、种类多样,其本身就是艺术品,因此用来盛装咖啡的杯子的展示很重要。通过在咖啡杯表面进行绘画、雕刻或其他艺术处理,使得咖啡杯变得更加独特和吸引人。

四、意式浓缩咖啡制作展演技巧

1. 展演前确认咖啡豆及冲煮参数

（1）明确咖啡熟豆信息，包括品种、产地、处理方法、拼配情况、烘焙度、烘焙日期、包装质量等。

（2）明确基础风味，对咖啡豆进行杯测，了解咖啡豆的品质，或者从商家获取相关信息。

（3）布置操作台面

1）意式研磨机与半自动咖啡机之间的距离恰当。面向操作台时，一般意式研磨机应该放置在半自动咖啡机右侧，两者之间放置磕渣盒，便于取粉磕渣操作的流畅。

2）咖啡杯、奶缸等器具开始前必须洁净并擦干放置在温杯盘上，蒸汽管清洁布放置在蒸汽管下面的滤水盘上，操作台面按照需要放置清洁布。所需其他器具包括电子秤、粉刷等工具也按需放置在台面上。

3）操作台面布置总体原则是干净整洁，器具在操作时便于取用。

（4）布置品鉴桌。在品鉴桌上铺垫干净整洁的桌布，品鉴桌布置应整体整洁、有序。

2. 制作阶段

（1）意式浓缩咖啡制作流程

1）制作流程。研磨咖啡豆、用手柄取粉、布粉、填压、放水、放手柄萃取咖啡、磕渣、清洁手柄，整个过程连贯，动作利落。

2）清洁。在制作过程中，需要随手及时清洁操作台面及意式研磨机，不能有明显的水渍、咖啡渍等。

（2）意式浓缩咖啡萃取状态。萃取时，意式浓缩咖啡从粉碗里流出的状态，也是一个观赏点。标准萃取的咖啡液流量粗细稳定，夹杂着均匀的油脂，持续流出。如果咖啡粉过细或者填压力度过大，流量就会很小，导致断断续续流出。若咖啡粉过粗或者填压力度过小，流速就会很快，流出的咖啡液很清淡，油脂少。另外，咖啡粉不新鲜时，油脂也会很少。

（3）意式浓缩咖啡观赏。标准的意式浓缩咖啡表面油脂均匀，细腻光滑平整，边缘没有缝隙；整体质感细腻黏稠。

（4）意式浓缩咖啡粉饼状态。标准萃取的咖啡粉饼磕渣后，形状完整不散开，质地密实，无大量水渍。

（5）边操作边介绍冲煮参数，包括粉量、萃取时间、萃取液量等，并在冲煮过程中介绍咖啡风味和咖啡豆的信息。

（6）完成制作后，操作台面区域内的工具要恢复到准备工作时的清洁状态。

3. 服务阶段

在呈送服务阶段从以下几个方面做好展示：

（1）向顾客介绍饮品品鉴方法及风味。

（2）给顾客提供水、纸巾及其他辅料等。

一、操作准备

1. 设备与器具

（1）设备。半自动咖啡机1台、数控定量意式咖啡研磨机1台。

（2）器具。粉锤1个、布粉器1个、磕渣盒1个。

（3）杯具。意式浓缩咖啡杯1个、咖啡杯碟1个、咖啡勺1把、纸巾碟1个、奶杯1个。（可根据具体情况调整。）

（4）称量工具。电子秤1台。

2. 物料

意式咖啡豆（深度烘焙）100 g、方糖包若干、牛奶1盒。

3. 清洁剂

咖啡机清洁剂1瓶。

4. 清洁工具

清洁粉碗口布1块、清洁咖啡杯口布1块、清洁蒸汽管口布1块、清洁布2块、研磨机清洁刷1把、咖啡冲煮头清洁刷1把。

5. 品鉴桌布置

在品鉴桌上铺垫干净整洁的桌布，品鉴桌布置应整体整洁、有序。

6. 意式咖啡豆及冲煮参数信息

（1）咖啡豆信息

1）拼配信息。巴拿马咖啡豆：瑰夏种，干法加工；云南咖啡豆：阿拉比卡种，水洗加工；哥伦比亚咖啡豆：阿拉比卡种，水洗加工；配方比例：巴拿马咖啡豆（30%）、哥伦比亚咖啡豆（30%）、云南咖啡豆（40%）。

2）深度烘焙（咖啡豆色值48；咖啡粉色值54）。

3）杯测风味特点：花香、热带水果、巧克力、焦糖；中高醇厚度。

（2）萃取参数设计

1）粉水比例。使用 10 g 咖啡粉量、1 : 3 的粉水比例。

2）研磨度：极细研磨度。

3）水温：92 ℃左右。

4）萃取时间：20 ~ 30 s。

5）萃取量：30 g。

（3）意式浓缩咖啡风味。巴拿马咖啡有花香和热带水果风味，云南咖啡有浓郁的焦糖和柑橘风味及均衡的口感，哥伦比亚咖啡有坚果和巧克力风味，这样组合拼配出来的意式浓缩咖啡油脂均匀细腻，呈深棕色；有花香和果香；风味层次丰富，表现为热带水果、柑橘和焦糖；中等偏高的醇厚度，口感均衡厚实；中等的柑橘类果酸质，中等甜感，微微的苦，酸甜苦平衡；余韵悠长，伴有巧克力和热带水果的气味。

二、展演准备

着装干净整洁，佩戴围裙，站姿自然，操作动作节奏适宜，可以选配轻音乐，起到放松和把握节奏的作用。

三、操作步骤

1. 清洁粉碗

取下手柄后用专用的粉碗清洁口布擦拭一遍粉碗即可，确保粉碗干燥洁净。

2. 研磨咖啡豆

（1）打开研磨机开关，预先进行少量研磨（5 g 左右），清除研磨机里残留的咖啡粉，查看研磨机的刻度及咖啡粉的粗细度，采用极细的意式研磨度。

（2）将手柄放入数控定量意式研磨机填粉架上按下取粉按钮，取粉量为 10 g。

（3）研磨结束立即用清洁刷清洁附着在研磨机上的银皮和细粉等。

3. 填粉

要求将咖啡粉均匀填充进粉碗，有利于其均匀地分布，避免洒落在工作台面上，造成咖啡粉浪费。单份意式浓缩咖啡的填粉量约为 9 g。

4. 布粉

使用布粉器将咖啡粉分布均匀。

5. 填压

使用压粉锤将松散的咖啡粉压紧实且保持平整。

6. 清除手柄外缘残粉

清除手柄边缘残留的咖啡粉。

7. 萃取

打开半自动咖啡机萃取键，让咖啡冲煮头放水，持续 5 s 左右，以温度降至 90～96 ℃为宜。完成排水后，立即将咖啡手柄旋转放入咖啡冲煮头。当萃取量为 30 g 左右，萃取时间为 20～30 s 时，停止萃取。咖啡油脂应颜色均匀，能完全覆盖咖啡液，无破洞。

8. 磕渣

萃取结束，取下手柄，把粉饼敲到磕渣盒内，冲洗咖啡冲煮头和粉碗，用专用的口布将粉碗擦拭干净，并把手柄扣回至咖啡冲煮头上。

9. 意式咖啡出品

将咖啡杯放置在咖啡杯碟上，配上咖啡勺、糖包和纸巾，统一放置在托盘上呈送。咖啡杯必须干净，外壁不能有咖啡液渍、水渍和咖啡粉渍等，将咖啡杯耳和咖啡勺把朝向顾客的右手侧。同时向顾客介绍咖啡饮用方式和风味。

10. 清洁

（1）制作过程中要随手清洁，保证半自动咖啡机滤水盘、操作台面干净，无明显的粉尘、大面积水渍或咖啡渍等。

（2）完成制作时，清洁整个操作区域内的台面，所用器具恢复到准备工作时的清洁状态。

四、注意事项

1. 在萃取操作过程中，应把所使用咖啡豆的信息、制作步骤、冲煮参数通过讲述的方式介绍给顾客。

2. 意式浓缩咖啡展演在操作流程层面与"模块 3 课程 3 任务 1 半自动咖啡机制作咖啡"的操作步骤基本是一致的，但需要展演意式浓缩咖啡制作技艺，对咖啡师的理论知识、冲煮技能、语言表达、服务能力等要求较高。需要在熟练掌握制作流程的基础上融入咖啡师对意式浓缩咖啡的理解，能准确介绍咖啡豆的信息，阐述意式浓缩咖啡萃取参数与咖啡饮品感官质量之间的逻辑关系，引导顾客品鉴感受意式咖啡风味，提升顾客的消费体验。

3. 以意式浓缩咖啡为基底，可加入辅料制作不同类型的调饮花式咖啡，饮品类型不同所展示的内容会略有差异。如要展示咖啡拉花技艺，制作过程中应重点展示奶沫制作过程、牛奶奶沫与咖啡融合技巧、出图过程等；若要展示创意咖啡饮品，则重点展示创意主题、配方组成、风味特点、饮用方式等。

模块 6 咖啡制作与冲煮方案设计

课程 1 咖啡用水与辅料选取

水是萃取咖啡的重要介质，水质是影响咖啡口感和质量的重要因素之一，所以对咖啡萃取用水的质量要有判断能力。同时，制作花式咖啡时，会用到很多辅料，应掌握常用的咖啡辅料类型。

任务 1 咖啡用水检测

一、水的重要性

水是萃取咖啡的重要介质，能将咖啡风味因子从咖啡粉迁移至咖啡液中。一杯完美黑咖啡的浓度为 1.15%～1.55%，其中水的占比高达 98% 以上，一杯好的咖啡离不开高品质的水，水对咖啡风味的影响很大。

二、咖啡萃取用水的种类

咖啡萃取用水应达到 GB 5749—2022《生活饮用水卫生标准》的要求。该标准规定生活饮用水水质应符合下列基本要求，保证用户饮用安全：生活饮用水中不应含有病原微生物；生活饮用水中化学物质不应危害人体健康；生活饮用水中放射性物质不应危害人体健康；生活饮用水的感官性状良好；生活饮用水应经消毒处理。

1. 源头水

源头水一般指地表江、河、湖泊水和地下井水,要求安全性、感官品质等方面符合国家生活饮用水卫生标准,即可直接饮用。而感官品质不够好的源头水,可通过砂石粗滤、活性炭吸附、反渗透等方式处理去除颗粒物、异味之后再使用。建议选择高山流动的山泉水,人口稀少、污染物较少的江、河、湖水以及流动的井水,但应遵循取用方便的原则。

2. 自来水

自来水通常指自来水厂供应的符合国家相关标准的生活用水。由于自来水中常会残留一定量的游离氯,带有漂白粉的味道,因此直接用自来水冲煮咖啡对咖啡风味影响较大。优质水源的自来水可以选择直接使用;但是水源一般的自来水,应经放置一夜或经煮沸挥发氯气、经自来水净水器特殊处理后方可使用。

3. 包装水

纯净水、蒸馏水几乎不存在其他杂质。建议使用达到低矿化度、低硬度、低碱度"三低"指标要求的天然泉水或天然矿泉水。

4. 调配水

在了解水质主要影响因素的基础上,根据不同咖啡的品质特征,在不破坏其风味特征的前提下,选择合适的水质冲泡出高品质的咖啡。

三、咖啡萃取用水选择的因素

目前,日常萃取咖啡所用的水种类繁多,如自来水、矿泉水、蒸馏水、纯净水等,参照表6-1-1推荐使用符合下列标准的水质萃取咖啡。

表6-1-1 咖啡萃取水质推荐标准

特性	感官性状	总溶解固体(mg/L)	pH
标准范围	无色无味	125~175	6~8

1. 总溶解固体(total dissolved solids,TDS)

总溶解固体是指水中溶解固体物质的总含量,包括钙镁离子、胶体、悬浮颗粒、蛋白质、病毒、细菌、微生物等,一般用mg/L或ppm(百万分之一)来表示,其值越高,表明水中的可溶解物质越多,咖啡萃取率越低。采用125~175 mg/L的水冲煮咖啡,易达到咖啡萃取率及浓度的理想值。

2. 酸碱度(potential of Hydrogen,pH)

酸碱度是指水溶液酸碱性的强弱程度,常用pH值表示。当水溶液pH=

7时，呈中性；当水溶液pH＜7时，呈酸性；当水溶液pH＞7时，呈碱性。咖啡液pH值一般为5~6，属弱酸性饮料，如使用pH＞8的水冲泡咖啡，将会中和咖啡液本身的酸味，从而导致咖啡风味失真，一般使用pH为6~8的水萃取咖啡。

水质的总溶解固体和酸碱度可用水质检测仪进行测定，水质检测仪如图6-1-1所示。

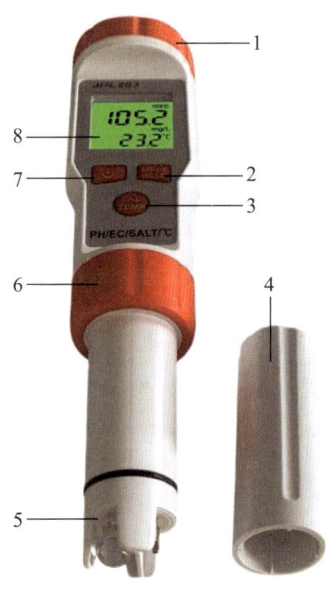

图6-1-1 水质检测仪

1—电池盖 2—功能转换键 3—校准键 4—电极保护盖 5—电极 6—放水固定圈 7—开关键 8—显示屏

一、操作准备

1. 设备与器具

（1）设备。水质检测仪1台。

（2）器具。水杯、吸水纸若干。

2. 物料

纯水。

3. 清洁工具

清洁抹布1块、研磨机清洁刷1把。

二、操作步骤

1. 开机
按下开关键,显示屏亮,按下功能转换键至 TDS 模式,显示屏显示"TDS"。

2. 检测 TDS 值
将需测试的水放入杯中,用拇指和食指握住水质检测仪,将电极下部探测头放入水中,先轻轻搅动,除去探测头上的气泡,然后稳定住,等待读数稳定后(大约 10 s),TDS 显示屏上显示出被测水的 TDS 值。

3. 检测 pH 值
TDS 测试结束后,按下功能转换键至 pH 模式,显示屏显示"pH",将电极下部探测头放入水中,先轻轻搅动,除去探测头上的气泡,然后稳定住,等待读数稳定后(大约 10 s),显示屏上显示出被测水的 pH 值。

4. 关机
按下开关键,显示屏的数字消失。用吸水纸吸干电极上的水,盖上电极保护盖。

三、注意事项

1. 选择合适的水质冲煮咖啡,多做实验进行比较分析。
2. 清理仪器设备,清洁整理操作台面。

任务 2　咖啡辅料选取与奶油制作

知识准备

优质的咖啡香气浓郁、滋味可口、口感醇厚,这是咖啡吸引人的特质,但咖啡特有的苦味,同样会使很多喜欢咖啡的人难以接受,所以人们往往会在咖啡里添加一些辅料,调成各类美味的咖啡。

一、在咖啡里添加辅料的目的

1. 中和咖啡的苦味
苦是咖啡特有的滋味,优质的咖啡苦味顺口,入口后能增加咖啡风味的层次感,这类咖啡通常用来制作黑咖啡。品质稍差的咖啡,苦味会特别强烈,加入适量的牛奶和糖可以起到中和作用,使口感更为柔和。

2. 增加风味多样性

为了丰富饮品种类,满足消费者的不同需求,咖啡里会添加糖、蜂蜜、糖浆、果汁、酒等辅料,创造更为丰富的味道,开发出不同类型的调饮咖啡。同时牛奶、奶油、炼乳含有很多蛋白质和脂肪,入口后会在口腔里营造顺滑的口感,将其加入咖啡中会让咖啡口感变得更加顺滑,获得绵密的质感。

3. 艺术性

一些咖啡饮料,如拿铁拉花,需要对奶泡进行打发处理,通过向意式浓缩咖啡里注入牛奶奶泡,运用晃动手法,咖啡表面能形成丰富多样的艺术图案,提高观赏性。此外,利用咖啡和其他辅料的密度差和颜色差,将辅料和咖啡逐一加入透明的玻璃咖啡杯中,分层后能产生特殊的视觉效果。

4. 符合饮用习惯

在某些国家或地区,人们形成了在咖啡里添加辅料的习惯,成为一种传统。例如卡布奇诺咖啡是加入打发牛奶后有泡沫的咖啡,来自意大利;又如越南人喝咖啡喜欢加炼乳和肉桂等。

二、咖啡辅料的类型

1. 牛奶

牛奶在咖啡里通常有两大用法:一是直接添加在咖啡里,可以根据喜好加热后加入或者常温加入,选用自己喜好的牛奶即可;二是专门用来制作拿铁拉花、卡布奇诺这类奶泡咖啡,要选择全脂牛奶。

2. 调甜辅料

咖啡里用来调甜的辅料有方糖、砂糖、蜂蜜、咖啡伴侣等。

(1)方糖。方糖为精制糖,块状。方糖方便保存,且溶解速度快。

(2)砂糖。砂糖属精制糖,是粗粒结晶固体,色白,多为 8 g 规格的小包装。

(3)蜂蜜。蜂蜜含有丰富的营养成分和糖类,甜度高,香气宜人。

(4)咖啡伴侣。咖啡伴侣也称为植物脂肪,俗称"奶精",由葡萄糖浆、氢化植物油、酪蛋白酸钠、稳定剂、乳化剂、抗结剂等组成。

3. 奶油

咖啡里通常会使用浓缩奶油、淡奶油、发泡式奶油等。

(1)浓缩奶油。浓缩奶油是通过加热未经过低温处理的牛奶而得到的淡黄色硬质奶。在咖啡饮品制作中,浓缩奶油浓度高,将浓缩奶油搅拌后直接添加在咖啡里,有利于提高咖啡饮品的层次和口感,增强奶香味。

（2）淡奶油。淡奶油又称鲜奶油、生奶油，鲜奶油的脂肪含量高达约50%，最低也有25%。淡奶油需用奶油抢打发后使用。

（3）发泡式奶油。发泡式奶油由生奶油经搅拌发泡后制作而成，使用起来会比较方便。这种奶油配合含有苦味的浓咖啡，味道会比较好。

打发奶油的工具有手动打奶器、奶油打发机、奶油枪等，在咖啡制作中通常使用奶油枪。奶油枪也称为奶油发泡器，其主要作用是将液体牛奶或奶油打发成奶泡，让饮品口感更加细腻、顺滑。奶油枪由瓶身和瓶盖两部分组成，瓶盖上方有进气口和奶油出口，进气口处安装有进气阀，进气阀的进口端安装有进气嘴，瓶盖镶件与气弹盖连接。奶油出口处安装有出气阀，出气阀的进口端设在瓶体内，出气阀的出口端连接有安装裱花嘴的螺母。奶油发泡器结构简单且实用，可以将奶液打发成细腻的奶泡，提高饮品口感和质量。奶油枪摇晃的次数会影响奶油的塑形效果、打发发泡率和表面光滑程度，建议摇晃次数为15～25次即可。

4. 炼乳

越南人饮用咖啡喜欢在咖啡里添加炼乳，炼乳往往会沉淀到咖啡中，搅拌均匀后再饮用口感会更佳，炼乳根据喜好选择添加即可。

5. 糖浆

人们常常将各式各样的糖浆用于风味咖啡的调味及装饰，丰富咖啡饮品类型。糖浆的种类很多，要选择适合调配咖啡的糖浆，首先要选定所需的糖浆味道，再与不同的咖啡进行测试，最终找出能碰撞出独特味道的组合及比例。糖浆的添加比例，可以根据喜好来选择，若是喜欢甜度高的饮品，则加大糖浆添加比例，制作甜味浓郁的咖啡饮品；若是喜欢甜度低的饮品或者只喜欢风味凸显的咖啡，则减小糖浆添加比例。

任务实施

一、操作准备

1. 设备与器具

奶油枪，如图6-1-2所示。奶油枪由瓶身（见图6-1-3）、瓶盖（见图6-1-4）、裱花嘴（见图6-1-5）、奶油枪气弹（见图6-1-6）、奶油枪气弹盖（见图6-1-7）组成。

图 6-1-2 奶油枪

图 6-1-3 瓶身

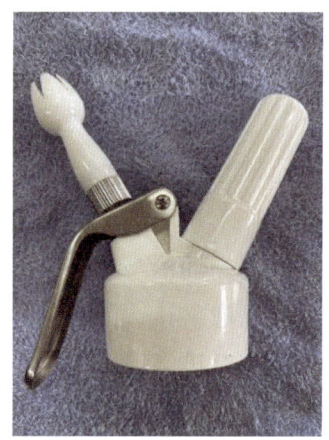
图 6-1-4 瓶盖

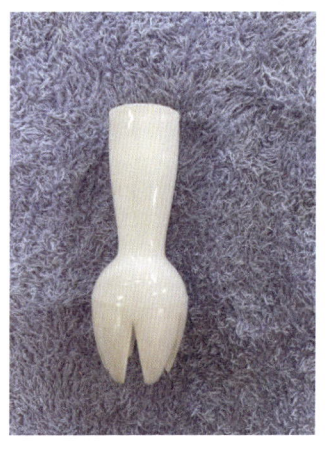
图 6-1-5 裱花嘴

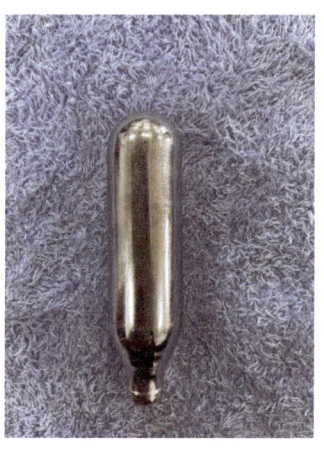
图 6-1-6 奶油枪气弹

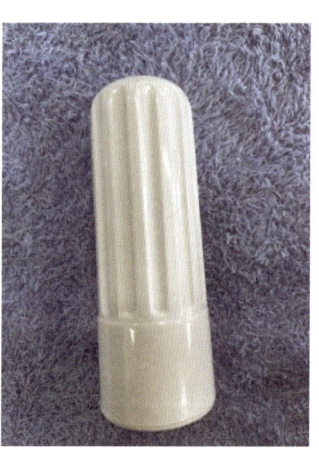
图 6-1-7 奶油枪气弹盖

2. 物料

淡奶油。

3. 清洁工具

清洁抹布。

二、操作步骤

1. 检查奶油枪配件

检查奶油枪的配件，确保奶油枪干净。奶油枪的硅胶密封垫、裱花嘴等位置容易残留奶油，使用前检查各个部位是否有异味，安装合适的裱花嘴，可选择不同形状的裱花嘴来制作不同的花样。

2. 在瓶身中倒入奶油

将奶油倒入奶油枪的瓶身中，如图 6-1-8 所示，倒入量为瓶身容量的三分之一，量过多会导致堵塞或挤压困难等问题。

3. 组装硅胶垫

将硅胶密封垫安装平整，如图 6-1-9 所示。

图 6-1-8　倒入奶油

图 6-1-9　组装硅胶密封垫

4. 安装裱花嘴

安装固定裱花嘴，不能有松动现象，确保裱花嘴的孔口没有异物堵塞，如图 6-1-10 所示。

5. 组装枪头与瓶身

将枪头安装在瓶身上，拧紧并确保密封，如图 6-1-11 所示。

图 6-1-10　安装裱花嘴

图 6-1-11　组装枪头与瓶身

6. 安装奶油枪气弹

在奶油枪气弹盖内装入奶油枪气弹,如图 6-1-12 所示,再将气弹旋入枪头,如图 6-1-13 所示。

图 6-1-12　安装奶油枪气弹

图 6-1-13　气弹旋入枪头

7. 奶油质量判断

将奶油枪瓶身倒置,用力摇晃奶油枪,来回大约 20 次。摇晃后,从奶油枪里挤出一朵奶油,观察奶油状态。若是奶油有流动,则说明打发过软,质地较稀,容易坍塌,称为湿性发泡,如图 6-1-14 所示,还需要继续摇晃;若奶油表面光滑反光,质地坚挺,则说明已经打发完成,称为中性发泡,如图 6-1-15 所示;若奶油很坚挺,看到球尖的奶油挺立不下滑,奶油光泽度差,表面粗糙不细腻,则说明奶油打发有点过干,称为干性发泡,如图 6-1-16 所示。

图 6-1-14　湿性发泡

图 6-1-15　中性发泡

图 6-1-16　干性发泡

8. 挤花

把奶油枪垂直地倒握在手中,将喷嘴对准咖啡杯表面,轻轻按把手即可挤花。

9. 清洁奶油枪

使用结束后需要把奶油枪的裱花嘴、上盖的硅胶密封垫拆卸下来,并逐一把裱花嘴、上盖的硅胶密封垫、壶盖、瓶身、裱花嘴接口、气弹接口等地方残留的奶油用刷子清除,用流水冲洗,并用热水浸泡 3~5 min,洗净擦干。

三、注意事项

1. 挤花时控制速度和动作。挤花时可以根据目标形状和效果控制挤压的速度和动作。一般来说,慢速挤压可以产生较细的线条,快速挤压则可以形成较粗的花纹。同时,手的运动也影响挤花的效果,可以通过调整手的位置和运动轨迹得到不同的效果。

2. 奶油里蛋白质含量很高,容易因滋生细菌而发臭,清洗的时候各个部件一定要仔细清洁,还需要对奶油枪的各个部件用食品级专业消毒液浸泡。

3. 正确操作奶油枪需要一定量的练习和经验,因此,初次使用时可能不够熟练,可以从简单的形状和花纹开始练习,逐步提高技巧和创新能力。

课程 2　咖啡制作与萃取方案设计

现磨咖啡往往追求咖啡本身的天然风味,即便使用质优良的咖啡豆,也需要通过精准设计制作参数,才能保证制作出优质的咖啡。

任务 1　冲煮咖啡方案设计与操作

知识准备

冲煮咖啡的最高目标是能把咖啡中最优质的风味挖掘出来,使得酸甜苦滋味平衡,口感醇厚,香气饱满。冲煮咖啡之前,除了要掌握咖啡豆产区、处理方式、熟豆烘焙度和新鲜度等信息外,还需要明确预期风味和口感,根据风味目标设计冲煮参数,形成完整的冲煮方案,以明确的思路指导冲煮操作,保证制作出高品质的咖啡。

一、冲煮咖啡制作方案设计原则

1. 明确预期风味

制作冲煮咖啡之前，通过所用咖啡豆的产地、咖啡烘焙豆的杯测风味等，明确这次咖啡冲煮的预期口感和风味等。

2. 确定并量化冲煮参数

根据预期风味及出品量，确定冲煮参数并量化，量化的参数要可实时操作，包括咖啡粉研磨度、咖啡粉量、咖啡粉和水的比例、冲煮水温、冲煮时间等。

3. 品鉴分析感官风味

通过品尝分析饮品的感官风味并记录。

4. 总结

冲煮品尝后需要对冲煮方案和风味进行总结，提出优化方案，为下一步的改进提供依据。

二、冲煮咖啡方案设计内容

1. 咖啡粉量

冲煮咖啡粉量控制在 15～30 g 会更容易把控风味质量。

2. 咖啡粉与水的比例

咖啡的味道很大程度上取决于咖啡粉和水的比例。一般建议按 1∶15 的标准配比，这个比例可以根据口味需求进行微调。

3. 水温

水温高，能有效萃取咖啡里的风味物质，但水温过高可能导致苦味和涩味重；水温低，萃取率也低，导致风味弱、酸味强。建议使用 88～92 ℃的水温进行冲泡。

4. 研磨度

研磨度是指咖啡粉的粗细程度。研磨度越细，萃取率越高，浓度也越高；反之，研磨度越粗，萃取率越低，浓度也越低。

5. 萃取时间

萃取时间越长，萃取出的可溶性物质越多，但冲泡时间过长可能会导致味道苦涩。

一、操作准备

1. 设备与器具

（1）设备。咖啡研磨机1台。

（2）器具。手冲壶1把、分享壶1个、电控手冲壶1把、咖啡量勺1把、V60滤杯1个、V60滤纸1张、粉杯1个。（可根据具体情况调整。）

（3）杯具。咖啡杯1个、咖啡杯碟1个、咖啡勺1把。

（4）称量工具。电子秤1台。

2. 物料

新鲜咖啡熟豆100 g。

3. 清洁工具

清洁抹布。

4. 冲煮方案设计

以用手冲壶冲煮260 g咖啡液为例设计冲煮方案。

（1）咖啡豆基本信息。产地：云南普洱；海拔：1 100～1 300 m；烘焙度：中度烘焙（咖啡豆色值62，咖啡粉色值68）；处理方式：水洗加工；杯测风味：坚果、柑橘、巧克力。

（2）冲煮参数。咖啡粉：20 g；粉水比：1∶15；水量：300 g；萃取水温：90 ℃；萃取时间：130 s；研磨度：中度研磨；V60滤杯，01号滤杯。

二、操作步骤

1. 研磨咖啡豆

（1）清洁研磨机。用少量的咖啡豆（3～5 g）预研磨，清洁研磨机。

（2）研磨咖啡豆。使用电子秤准确称取20 g咖啡豆进行研磨，采用中度研磨，研磨结束立即用清洁刷清洁附着在研磨机上的银皮和细粉等。

2. 折叠滤纸

将滤纸沿着折线部分折叠、压紧。

3. 润洗滤纸

将滤纸放入滤杯用热水润洗滤纸2～3次，整片滤纸需要被润湿，让滤纸贴在滤杯上，同时确保滤杯被温热，在2 min以内开始萃取，以免滤杯降温。

4. 萃取

（1）将研磨好的咖啡粉倒入放有滤纸的滤杯中，并轻轻敲滤杯侧使粉表层平整。

（2）用 90 ℃热水均匀地冲泡咖啡粉进行焖蒸，水量为 40 g，时间为 25 s。再分两段注水冲煮，采用顺时针绕圈细水流注水，第一段注水量至 200 g，自然滴滤，80 s 时进行第二段注水，顺时针绕圈流注，水量至 300 g，130 s 时终止萃取，完成冲泡。

5. 冲煮咖啡感官风味分析

香气充足，有焦糖、坚果和巧克力的风味，中等强度的酸味，微苦，口感浓厚，但稍微有点涩。

6. 总结

萃取出的咖啡液量约为 260 g，整体口感偏浓。在下一次的萃取方案中，应适当把研磨度调粗，或者加快注水速度。

三、注意事项

1. 冲煮参数之间是互相影响的，当调整其中一个参数时，其他参数也需要跟着调整。具体应根据个人口味及咖啡豆的特性进行调整，以达到最佳的口感和风味。

2. 品鉴是提高咖啡冲煮技能的核心能力。在初级阶段，重点是掌握冲煮规范和流程，但到了中级阶段，要提升咖啡冲煮品质，就需要以品鉴为指导，分析冲煮参数和风味表现之间的逻辑关系，通过品鉴分析，不断优化冲煮方案。

任务 2　意式浓缩咖啡制作方案设计与操作

一、意式浓缩咖啡出品类型

根据出品需要，意式浓缩咖啡会有不同萃取量的出品类型，萃取量和萃取时间有差异，但制作步骤都一样，不同类型意式浓缩咖啡出品参数标准见表 6-2-1。

表 6-2-1　不同类型意式浓缩咖啡出品参数标准

类型	出品量/杯	手柄	萃取时间	咖啡浓度	油脂
标准单份意式浓缩咖啡	30 mL（15～25 g）	单柄出 1 杯；双柄出 2 杯	20～30 s	8%～12%	均匀，完整覆盖咖啡液
标准双份意式浓缩咖啡	60 mL（20～45 g）	双柄出 1 杯	20～30 s	8%～12%	均匀，完整覆盖咖啡液
短萃意式浓缩咖啡	15 mL（6～16 g）	单柄出 1 杯；双柄出 2 杯	20～30 s	12%～18%	均匀，完整覆盖咖啡液
长萃意式浓缩咖啡	45 mL（18～36 g）	单柄出 1 杯；双柄出 2 杯	20～30 s	5%～8%	均匀，完整覆盖咖啡液

二、意式浓缩咖啡萃取参数与感官表现

1. 研磨度与感官表现

意式浓缩咖啡萃取要用极细研磨度，能通过高压水流提取出丰富的咖啡油脂，呈现出浓郁风味和细腻质感。

（1）对平衡感的影响。咖啡粉研磨度越细，水渗透到咖啡颗粒内部的速度越慢，萃取速度越慢；相反，咖啡粉研磨度越粗，萃取速度越快，进而影响口感的细腻度和平衡度。

（2）对酸度与苦涩度的影响。研磨度越细的咖啡粉，酸性物质释放越充分，因此，细研磨的咖啡粉具有较高的酸度。相比之下，粗研磨的咖啡粉萃取不充分，酸度较低，容易产生苦涩的口感。

（3）对口感细腻度的影响。研磨度越细的咖啡粉，萃取的咖啡油脂和溶解物质越多，口感更为细腻；相反，研磨度越粗的咖啡粉，萃取的咖啡油脂越少，口感相对较粗糙。

2. 萃取时间与感官表现

意式浓缩咖啡的萃取时间是指咖啡粉与水接触的时间，是从半自动咖啡机中萃取咖啡所需的时间，萃取开始后，在不同时间阶段萃出物的比例会不同，从而影响感官风味。

呈酸性的物质在萃取前段溶解最多，随着萃取时间的延长逐渐减少；呈甜的物质在萃取前段和中段溶解出来，但随时间延长可能会被酸苦味掩盖；呈苦的物质会随着萃取时间增长而增多。当萃取时间较短时，香气弱，风味单一，滋味尖酸。当萃取时间较长时，咖啡粉会释放出更多的化合物，具有较浓郁的香气，滋味平衡，口感饱满。但萃取时间过长，容易导致风味复杂，焦苦浓烈，口感不平衡。

3. 萃取温度与感官表现

意式浓缩咖啡的萃取温度通常为 90~95 ℃，这个温度范围被认为是最适合从咖啡豆中提取出最美味的咖啡因和咖啡香味的温度。温度高于 95 ℃ 可能会导致过度萃取，使咖啡味道苦涩；温度低于 90 ℃ 可能导致萃取不充分，使咖啡口感较为稀薄。

一、操作准备

1. 设备与器具

（1）设备。半自动咖啡机 1 台、数控定量意式咖啡研磨机 1 台。

（2）器具。粉锤 1 个、布粉器 1 个、磕渣盒 1 个。

（3）杯具。意式浓缩咖啡杯 2 个、咖啡杯碟 2 个、咖啡勺 2 把。（可根据具体情况调整。）

（4）称量工具。电子秤 1 台。

2. 物料

意式咖啡熟豆 100 g。

3. 清洁工具

清洁布。

4. 冲煮方案设计

以出品两杯标准单份意式浓缩咖啡液为例设计冲煮方案。

（1）咖啡豆基本信息。产地：云南普洱；海拔：1 200 m；烘焙度：深度烘焙；处理方式：水洗加工；杯测风味：香料、巧克力。

（2）冲煮参数。咖啡粉：20 g；研磨度：极细研磨；萃取量：30 g/杯；萃取时间：30 s。

二、操作步骤

1. 萃取

（1）清洁粉碗。把粉碗用干净的清洁布擦干。

（2）研磨咖啡豆。采用极细研磨度。

（3）填粉。将咖啡粉填入粉碗，粉量为 20 g。

（4）布粉。将粉碗里的咖啡粉分布平整。

（5）压粉。用粉锤将咖啡粉压实。

（6）萃取。按下双份萃取键进行萃取。

（7）完成萃取。萃取时间：30 s。咖啡液实际萃取量：50 g/杯。

2. 意式浓缩咖啡感官风味分析

油脂颜色浅且薄，整体口感偏淡，有香料和巧克力风味，但比较弱。

3. 总结

在 30 s 的萃取时间内，萃取出的咖啡液量为 50 g/杯，比目标冲煮量（30 g）多 20 g，萃取时咖啡液流速快，萃取时间短，整体口感偏淡，说明萃取参数设计不合理，在下次的萃取方案中，可以适当把研磨度调细，或者加大咖啡粉的填压力度，再或者适量增加粉量等。

三、注意事项

1. 在初学阶段，重点学习半自动咖啡机制作意式浓缩咖啡的流程，初步学会品鉴意式浓缩咖啡，但要能制作出高品质的意式浓缩咖啡，对咖啡师的要求较高，要掌握扎实的咖啡基础知识，熟练掌握意式浓缩咖啡操作技能，具有一定的品鉴能力，还要理解影响意式浓缩咖啡品质的因素，关注操作细节。

2. 制作意式浓缩咖啡细节调整。影响意式浓缩咖啡出品品质的因素很多，很难一次就萃取出"标准"的意式浓缩咖啡，需要反复进行萃取实验，不断调整萃取方案。

（1）当用量杯计量咖啡液的萃取量时，读数应以咖啡油脂表面对应的刻度值为标准，咖啡豆太过新鲜时，会导致油脂消失比较快。

（2）填压技巧可通过反复练习掌握，建议每次用同样的施力方式和相同的粉量进行练习。

（3）萃取前排水时，排水量还要看当时机器的水温，水温太低容易导致萃取不足。咖啡冲煮头排出的热水水温很高，要特别注意安全，避免烫伤。

（4）在调整研磨机的研磨度时，调节幅度要根据萃取时间与标准范围的偏差大小来确定，偏差大则多调一点儿，偏差小则少调一点儿。调节时一般以一小格为幅度调整，不宜调节过多，调节过多很容易导致超过目标范围值。

课程 3　意式浓缩咖啡与牛奶融合

意式浓缩咖啡口感强烈，有香醇的油脂，牛奶含有丰富的蛋白质、脂肪等营养物质，将两者按一定的比例进行融合，所得牛奶咖啡的口感更加顺滑，香气更加浓烈。若将牛奶制成牛奶奶泡（沫），可创造出更加丰富的风味，突出不一样的视觉效果。

任务 1　牛奶奶泡（沫）制作

一、牛奶奶泡（沫）的作用

牛奶奶泡（沫）主要用来制作花式咖啡，如卡布奇诺咖啡、拿铁咖啡。细滑绵密的奶泡（沫）与咖啡结合，使得咖啡口感顺滑，风味丰富。同时根据奶泡（沫）颜色（白色）及咖啡油脂颜色（咖啡色）的差异，利用奶泡（沫）表面的张力，使咖啡师能够从容地在咖啡的表面创作出不同的艺术图案。

二、牛奶奶泡（沫）形成的原理

打发奶泡的原理是向牛奶内注入空气，增大牛奶液面与空气的接触面积，利用乳蛋白的表面张力作用，生成许多细小泡沫。

三、优质奶泡（沫）的标准

牛奶奶泡（沫）在奶缸里从上到下分为三层：第一层是接触到空气的奶泡（沫）；第二层是没有接触到空气的奶泡（沫），牛奶液体与奶泡（沫）的混合物；第三层完全是牛奶液体。三层物质在制作咖啡时有不同的功能，第一层融合意式浓缩咖啡并为第二层的奶泡（沫）垫底，促使拉花的形成；第二层用来做图案；第三层液体用于收尾。

优质奶泡（沫）的标准是表面光滑且无大小不均匀的奶泡，将奶缸左右旋转时，奶沫会黏附在奶缸壁上；若奶缸壁上的泡（沫）快速滑下来，且上层泡（沫）与底层牛奶液体是分开的，表面出现大小不均匀的泡泡，说明是劣质奶泡（沫）。

四、牛奶发泡时的技巧

要使牛奶发泡的质量好，在打泡时需要注意以下几个技巧：

1. 奶的温度

打发奶泡时，牛奶的温度应该控制在 4 ℃左右。这是因为冰冷的牛奶会提供较长的时间去打发和打绵，所以相对比较容易打出绵密细腻的奶泡（沫）。

2. 牛奶的液体量

牛奶的液体量需要保证在奶缸缸体一半的位置。牛奶的液体量过多，会导致奶泡无法充分地与牛奶混合，从而影响咖啡的口感。

3. 加热蒸汽棒的位置

加热蒸汽棒与牛奶液面的夹角为 45° 左右，保证牛奶能获得更激烈的旋转动力。蒸汽头埋进牛奶液面距离为 0.5～1 cm，以便控制单位时间的进气量。

五、奶缸的选择

1. 材质

奶缸一般都是采用不锈钢材质的，不仅因为不锈钢奶缸结实耐用，不容易变形，更重要的是不锈钢的导热性能较好，打奶泡时可以通过触感来实时掌握牛奶的温度，这对于咖啡师而言非常重要，所以咖啡师几乎不会选用塑料、玻璃材质的奶缸。

2. 容量

奶缸的容量主要有 150 mL、300 mL、450 mL、600 mL、1 000 mL 等规格。奶缸过大或者过小都不利于发泡，其中 450 mL 和 600 mL 是比较理想的奶缸容量，应用最广，但是对于出品量比较多的咖啡店而言，练习使用 1 000 mL 的奶缸是提高效率的最佳选择。

一、操作准备

1. 设备与器具

（1）设备。半自动咖啡机 1 台。

（2）器具。奶缸（见图 6-3-1）2 个、温度计（见图 6-3-2）1 个。

2. 物料

全脂牛奶 500 mL（冷藏）。

3. 清洁工具

清洁布 1 块、口布 2 块、研磨机清洁刷 1 把。

图 6-3-1　奶缸　　　　　　　　图 6-3-2　温度计

二、操作步骤

1. 牛奶的准备

选用脂肪含量在 3.5%～4% 的全脂牛奶，使用前将牛奶放置在冰箱中冷藏，温度为 4 ℃ 左右，如图 6-3-3 所示。

2. 牛奶倒入奶缸

将牛奶倒入奶缸，牛奶量约为奶缸容量的 40%，如图 6-3-4 所示，牛奶量过少会导致发热过快，起泡量少，牛奶量过多会导致未完全打发就溢出。

图 6-3-3　准备全脂牛奶　　　　　图 6-3-4　将牛奶倒入奶缸

3. 空喷蒸汽管

清洁蒸汽管，并空喷蒸汽管 1～2 s，将蒸汽管内的水珠喷出，如图 6-3-5 所示。

4. 打发奶泡（沫）

将蒸汽头插入牛奶表面下约 1 cm 深处，蒸汽管与缸壁形成 45° 角。打开蒸汽阀让蒸汽注入牛奶，第一阶段为起泡阶段，当有蒸汽进入后，会听到"嗞嗞"声，牛奶开始发泡（沫），在温度达到 35 ℃ 前完成起泡；第二阶段为打绵阶段，当起泡量足够后，将奶缸轻微往上移，根据实际情况微调奶缸与蒸汽棒的位置，在最短时间内形成漩涡，表面大泡泡会被漩涡卷入内部，使泡沫越来越细腻，如图 6-3-6 所示。当温度达到 55～65 ℃时即可终止打发，打发后牛奶奶泡（沫）的量是奶缸容量的 70% 左右。

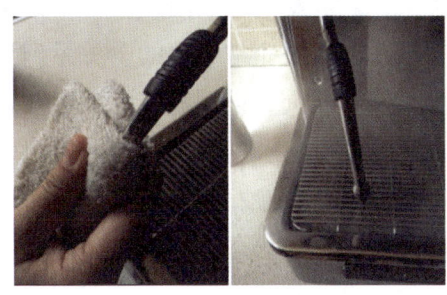

图 6-3-5　清洁并空喷蒸汽管

图 6-3-6　打发奶泡

5. 打发后的奶泡（沫）

使用前，可上下轻轻抖动奶缸，使奶泡融合，如图 6-3-7 所示。奶泡（沫）通常会分缸使用，将打好的奶泡沿着杯壁缓慢流倒进另外一个奶缸，均匀分配牛奶和奶泡（沫）的量。

图 6-3-7　打发后的奶泡（沫）

6. 清洁

使用湿的专用口布将喷嘴擦拭干净，再空喷蒸汽管，清除管内的奶垢。及时清洗奶缸和使用过的口布。

三、注意事项

1. 奶缸最好用不锈钢材质，而且要有握柄，咖啡师能较好地感知温度，同时又不会被烫伤。

2. 蒸汽管要严格进行清洁，每次打奶泡之前要空喷蒸汽管，每次使用结束后必须用湿的专用口布擦干净，并空喷蒸汽管，以免滞留的牛奶变质将蒸汽管堵塞。

3. 制作牛奶奶泡（沫）要区分两个温度。一个是发泡起始温度，一个是奶泡制作完成的终止温度。这两个温度对于初学者来说是非常重要的，关系到泡（沫）质量。将牛奶冷藏（4 ℃左右）可以延长发泡时间，以便有足够的时间调整打绵奶泡（沫）。发泡至手感不冷不热时，停止发泡。及时调整奶缸和蒸汽棒之间的角度和深度，快速找到旋涡，旋涡的作用是把发泡发出来的粗泡沫通过旋涡扯到液面以下，使得泡（沫）细腻。旋涡有很多种状态，每种状态都需要观察并记住，便于找到最佳的状态。

4. 可用温感判断牛奶泡（沫）的温度。温感是指用手触碰奶缸感知温度的判断方法。发泡至手感不冷不热时，说明与体温接近，约 35 ℃。当触碰奶缸烫手时，就停止打发，停止打发后端在手上感觉很烫，但能拿得住，说明牛奶温度约 65 ℃。

5. 要熟练掌握牛奶奶泡（沫）制作技巧，需要反复练习，如果全部使用牛奶练习，一方面成本高，另一方面会造成浪费，可用加入洗洁精的水进行模拟练习。

任务2　咖啡拉花流程与要点

一、咖啡拉花的起源及发展

咖啡拉花的起源没有明确的文献记载，流传较广的说法是早前在欧美国家，咖啡拉花是在展演时展现的高难度专业技术，这个技艺一出现便震撼了当时的咖啡界，吸引了大众的目光，很多人都被咖啡拉花神奇的技巧所深深吸引。早期的咖啡拉花注重图案呈现，经过长期的发展演进，如今不仅重视视觉效果，还重视牛奶奶泡（沫）的绵密口感，在咖啡与牛奶泡（沫）的融合技巧方面也不断提升，从而呈现整体和谐的味道，达到色、香、味俱全的境界。

二、咖啡拉花的原理

意式浓缩咖啡表面是一层泡沫油脂，打发的牛奶奶泡（沫）表面形成了一层牛奶和空气混合而成的微泡沫，因牛奶奶泡（沫）的密度低而浮于液面上，将两种泡沫混合出来的效果即为咖啡拉花图案形成的原因。

牛奶奶泡（沫）和意式浓缩咖啡油脂泡沫都相对稳定，咖啡油脂泡沫一般可以维持 10 min 左右，牛奶和空气形成的牛奶奶泡（沫）也可以维持数分钟之久，这两种泡沫混合后互相挤在一起，在没有搅拌的情况下，颗粒扩散速度很慢，因此，泡沫之间的界线能在较长时间内保持清晰。

三、咖啡拉花的分类

咖啡拉花是在咖啡上用牛奶奶泡（沫）创作图案的艺术，主要分为拉花、雕花、印花三种形成方法。

1. 拉花

拉花也称为直接倒入形成法，即往意式浓缩咖啡中注入奶缸中的牛奶奶泡（沫），利用娴熟的技巧，控制奶缸的高低、晃动幅度及速度，使奶泡（沫）在咖啡上形成不同的图案，如图 6-3-8 所示。这种方式需要有较高的技术水平，也是拉花艺术中使用最广的一种。

（1）拉花过程。拉花主要分为融合、出图和收尾三个阶段。

1）融合。融合是用部分奶泡（沫）和意式浓缩咖啡混合，其目的是更好地结合牛奶和咖啡的味道，让咖啡和奶泡（沫）的密度更接近。融合效果会影响咖啡的口感和图案的美观。具体操作就是通过绕圈方式使用较大的冲击力往意式浓缩咖啡里注入牛奶奶泡（沫），并进行搅拌交融。融合需连贯操作。操作时奶缸缸嘴与咖啡液面的距离（简称液距）和牛奶奶泡（沫）注入咖啡时牛奶流的粗细（简称奶流）会影响融合的效果。液距参考范围为 3～10 cm，这个高度注入的牛奶冲击力刚好，不会因为过低而使得液面脏乱，也不会因为过高而产生气泡，具体根据实际情况进行微调。控制奶流大小的目的是要保证奶泡和咖啡充分融合，同时又不破坏油脂的干净程度和颜色。过粗的奶流会有较大的冲击力，使杯底产生乱流现象，通常，要求奶流在不断流的情况下偏细一些。在实际操作中，要配合奶泡的质量对奶流的粗细进行灵活调整。例如，奶泡偏厚，就选择较细的奶流；奶泡较薄，就选择较粗的奶流。

融合手法分为画圈融合法、一字融合法和定点融合法。画圈融合法是转圈融合，主要在油脂表面进行移动，融合的面积最大；一字融合法是在一条线上左右摆动融合，这种方法能减少油脂被破坏的面积；定点融合法是在一个点进行融合，融合后油脂表面比较干净。三种融合方法各有优缺点，融合的面积越大越容易使奶泡（沫）和咖啡充分混匀。从融合的状态和均匀程度来看，画圈融合法效果最佳。一字融合法和定点融合法能使融合后表面的油脂比较干净，但对油脂和奶泡（沫）的质量要求比较高。

2）出图。当融合至咖啡杯中的咖啡液达到五分满时，根据目标图案通过调整晃动方式开始出图。出图的具体操作方式是缩短液距，让较轻的奶泡浮在咖啡表面，形成泛白，液距为1 cm左右。如在制作有大白心的图案时，出图的动作要点是在液面定点使用大流量的奶流持续注入；制作千层心图案时，出图的动作要点是持续左右摆动奶缸，形成纹路线条，同时牛奶奶沫流量要稳定。

3）收尾。咖啡杯中咖啡液达到九分满时，通过加大液距、收细奶流完成图案制作。

（2）拉花图案。拉花图案类型比较多，有心形、树叶、千层心、郁金香、天鹅等，心形和树叶是基础的拉花图案。例如，心形图案是在意式浓缩咖啡表面画出一个"心"形的图案，比较简单，初学者一般会首选该图案入门。心形拉花图案的制作步骤为：首先进行咖啡与牛奶奶泡（沫）的融合，操作方式是左手倾斜拿着装有意式浓缩咖啡的杯子，右手拿奶缸，从咖啡液面中心点开始，从低到高让牛奶奶泡（沫）细奶流缓慢旋转落进杯中，与咖啡液充分融合，融合到杯量二分之一位置时停住旋转，左右摆动再慢慢向上移动牛奶杯，形成一个心形的底部，随着咖啡杯里总液量的增加，慢慢回正杯子，然后提高奶缸，总液量至九分满时细奶流收尾。

2. 雕花

雕花是在咖啡表面加上奶泡（沫），用挤瓶挤入巧克力酱、糖浆等与奶泡（沫）颜色不同的辅料，利用牙签或温度计等尖物"雕"画出各种图案，如图6-3-9所示。

3. 印花

印花是将各种各样的印花模板放在咖啡杯的奶泡（沫）上面，撒上巧克力粉、抹茶粉等，如图6-3-10所示。

图6-3-8 拉花

图6-3-9 雕花

图6-3-10 印花

一、操作准备

1. 设备与器具

（1）设备。半自动咖啡机 1 台、意式咖啡研磨机 1 台。

（2）器具。咖啡量勺 1 把、奶缸 2 个。

（3）杯具。拉花咖啡杯 2 个。

2. 物料

新鲜咖啡熟豆 100 g、全脂牛奶 500 mL（冷藏）。

3. 清洁工具

清洁布 1 块、口布 2 块、研磨机清洁刷 1 把。

二、操作步骤

下面以心形图案和树叶图案制作为例进行介绍。

1. 制作牛奶奶泡（沫）

制作出的牛奶奶泡（沫）如图 6-3-11 所示，制作方法同"模块 6 课程 3 任务 1 牛奶奶泡（沫）制作"。

2. 制作意式浓缩咖啡

制作出的意式浓缩咖啡如图 6-3-12 所示，制作方法同"模块 3 课程 3 任务 1 半自动咖啡机制作咖啡"。

图 6-3-11 牛奶奶泡（沫）

图 6-3-12 意式浓缩咖啡

3. 心形图案拉花步骤

（1）倾斜咖啡杯，缸嘴靠近杯壁，对准意式浓缩咖啡液面中心点，如图 6-3-13 所示，小奶流注入，如图 6-3-14 所示，逐渐拉高奶缸，用小奶流画圈进行融合。

（2）融合至五分满后，奶缸靠近液面，此时表面会呈现浓稠状的白点，称为起花点，如图6-3-15所示。

（3）加大奶流，保持位置，均匀地晃动壶嘴，如图6-3-16所示，重点在于稳定地让手腕保持水平左右来回晃动，让奶沫自然产生半圆形。

（4）八分满时，逐渐拉高奶缸，收细奶流，如图6-3-17所示，并缓慢向前拉。细流推至前端，使尖端形成，心形图案制作完成，如图6-3-18所示。

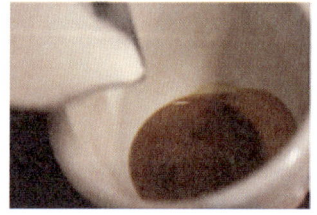  

图6-3-13 缸嘴靠近杯壁　　图6-3-14 注入牛奶奶泡（沫）　　图6-3-15 起花点

图6-3-16 加大奶流晃动壶嘴　　图6-3-17 收细奶流　　图6-3-18 心形图案

4. 树叶图案拉花步骤

（1）缸嘴靠近杯壁，对准意式浓缩咖啡液面中心点，如图6-3-19所示，注入牛奶奶泡（沫）。

（2）逐渐拉高奶缸，用小奶流以画圈的方式混合牛奶和咖啡，如图6-3-20所示。

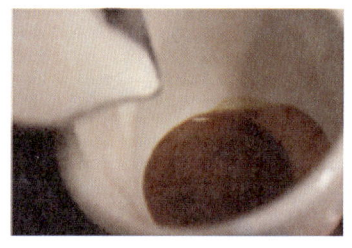 

图6-3-19 对准液面　　图6-3-20 小奶流注入

（3）融合至五分满时，将奶缸靠近液面，表面会呈现浓稠状的白点，加大奶流，如图 6-3-21 所示。形成半圆（小）后，均匀摆动壶嘴并后退，如图 6-3-22 所示。

图 6-3-21　加大奶流

图 6-3-22　摆动后退

（4）九分满时，逐渐拉高奶缸，收细奶流，并向前推，如图 6-3-23 所示。

（5）推至前端，使叶柄形成，树叶图案制作完成，如图 6-3-24 所示。

图 6-3-23　收细奶流

图 6-3-24　树叶图案

5. 清洁

（1）清洁意式研磨机。用清洁刷清扫意式研磨机洒落的残粉。

（2）清洁半自动咖啡机。每次制作牛奶奶泡（沫）后及时使用湿的口布擦净蒸汽管上附着的奶渍，并空喷蒸汽管清除残留的牛奶，以免有残留的牛奶变质堵塞蒸汽管；用清洁布擦拭半自动咖啡机上有咖啡渍和牛奶奶渍的区域。

（3）清洗奶缸。用专用口布擦洗奶缸，并把口布清洗干净。

三、注意事项

心形和树叶图案是常见的拉花基础图案，需要反复练习，熟练掌握控流、融合及晃动奶缸等技巧。因为牛奶和咖啡的成本都很高，所以初学者可以先用水练习，掌握晃动技巧，并提高稳定性。通过以下几个技巧练习来夯实拉花基础。

1. 水流粗细度的控制

奶缸中加入水，将水以稳定的水流倒入咖啡杯，然后拉高奶缸至奶缸离杯口 3~5 cm 高处，以相同粗细的水流倒入杯中，但水柱要稍粗，于七分满时将奶缸贴近杯口，直至倒满，反复练习直至倒入看不到气泡。

2. 手部晃动稳定性练习

试着在倒水时将奶缸反复拉高拉低，练到没有气泡，才算动作稳定。

3. 成图稳定性练习

先以稳定的水柱倒入杯中，然后试着晃动奶缸，动作不能太急，先晃慢一些，幅度不要太大，通过反复练习，使水柱粗细始终保持不变。

课程 4　经典花式咖啡制作

意式浓缩咖啡是意式咖啡最基础的出品方式，以意式浓缩咖啡为基底，加入牛奶、奶油、糖浆等辅料，可以制作出味道丰富的调饮咖啡，也称为花式咖啡。常见的经典花式咖啡有卡布奇诺咖啡、皇家咖啡、摩卡咖啡、拿铁咖啡等。

任务 1　卡布奇诺咖啡制作

知识准备

一、卡布奇诺咖啡的来历

卡布奇诺咖啡由意式浓缩咖啡演变而来，它是一种在意式浓缩咖啡中加入牛奶和奶泡的混合调饮咖啡。意大利人爱喝咖啡，发现浓缩咖啡、牛奶和奶泡混合后，颜色就像是修士所穿的深褐色道袍，故取名为卡布奇诺。传统的卡布奇诺咖啡由 1/3 的浓缩咖啡、1/3 的牛奶和 1/3 的奶沫组成。还可依个人喜好，撒上少许肉桂粉或巧克力粉。

二、卡布奇诺咖啡的分类

卡布奇诺咖啡根据牛奶和奶沫的多少可分为干、湿两种。干卡布奇诺咖啡的奶泡较多，牛奶较少，喝起来咖啡味浓过奶香味，适合重口味者饮用。伴随着技术的改良和人们对牛奶与咖啡融合口味的追求，卡布其诺咖啡风格开始发生变化，湿卡布奇诺出现，这种咖啡的奶泡较少，牛奶量较多，奶香盖过咖啡味，适合口味清淡者。湿卡布奇诺咖啡的风味和时下流行的拿铁相似。

一、操作准备

1. 设备与器具

（1）设备。半自动咖啡机 1 台、意式咖啡研磨机 1 台。

（2）器具。咖啡量勺 1 把、温度计 1 个、奶缸 1 个。

（3）杯具。卡布奇诺咖啡杯 1 个。

（4）称量工具。电子秤 1 台。

2. 物料

新鲜咖啡熟豆 100 g、全脂牛奶 500 mL（冷藏）。

3. 清洁工具

清洁布 1 块、口布 1 块、研磨机清洁刷 1 把。

二、操作步骤

1. 制作意式浓缩咖啡

制作出的意式浓缩咖啡如图 6-4-1 所示，制作方法同"模块 3 课程 3 任务 1 半自动咖啡机制作咖啡"。

2. 制作牛奶奶泡（沫）

制作出的牛奶奶泡（沫）如图 6-4-2 所示，制作方法同"模块 6 课程 3 任务 1 牛奶奶泡（沫）制作"。

3. 牛奶奶泡（沫）处理

晃动奶缸壶，使牛奶与奶泡融合在一起，如图 6-4-3 所示，优质奶泡（沫）细腻均匀有光泽，无粗泡。

 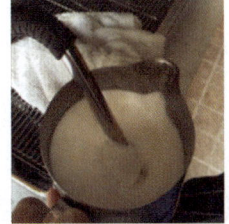 

图 6-4-1　意式浓缩咖啡　　图 6-4-2　牛奶奶泡（沫）　　图 6-4-3　打发后的奶泡

4. 融合

将制作好的牛奶奶泡（沫）与意式浓缩咖啡进行融合，如图 6-4-4 所示。

制作完成的卡布奇诺咖啡如图 6-4-5 所示。

图 6-4-4　融合　　　　　　　图 6-4-5　卡布奇诺咖啡

5. 清洁

（1）清洁意式咖啡研磨机。用清洁刷清扫意式咖啡研磨机洒落的残粉。

（2）清洁半自动咖啡机。每次制作牛奶奶泡（沫）后及时使用湿的口布擦净蒸汽管上附着的奶渍，并空喷蒸汽管清除残留的牛奶，以免堵塞；用清洁布擦拭半自动咖啡机上有咖啡渍和牛奶奶渍的区域。

（3）清洗奶缸。用专用口布擦洗奶缸，并把口布清洗干净。

三、注意事项

1. 完成此任务的基础是能熟练制作意式浓缩咖啡和牛奶奶泡（沫），所以必须先强化练习意式浓缩咖啡和牛奶奶泡（沫）制作的技能。

2. 为使得卡布奇诺咖啡口感好，意式浓缩咖啡和牛奶奶泡（沫）在制作好以后应该立即融合。切忌先把咖啡制作出来以后再慢慢地去制作奶泡，这会导致咖啡油脂和牛奶奶泡（沫）散开。

任务 2　皇家咖啡制作

皇家咖啡又称为火焰咖啡，是经典的花式咖啡之一。它的制作方法比较简单，先把冲煮好的黑咖啡倒入杯中，并将整块方糖放在特制皇家咖啡勺上，淋上 15 mL 左右的白兰地使其润湿方糖，然后在方糖上点火，使方糖熔化后一并放入杯中搅拌。制作过程中能看到熠熠闪动的蓝色火焰，具有美感和浪漫情调，皇家咖啡喝起来浓郁醇厚、酒香四溢。

任务实施

一、操作准备

1. 设备与器具

（1）设备。咖啡研磨机 1 台。

（2）器具。手冲壶 1 套、咖啡量勺 1 把、咖啡粉杯 1 个、量杯（见图 6-4-6）1 个。

（3）杯具。咖啡杯 1 个、皇家咖啡勺（见图 6-4-7）1 把。

（4）称量工具。电子秤 1 台。

（5）其他。打火机 1 只。

2. 物料

新鲜咖啡熟豆 100 g、方糖若干、白兰地（见图 6-4-8）1 瓶。

3. 清洁工具

清洁布 1 块、口布 1 块、研磨机清洁刷 1 把。

图 6-4-6 量杯

图 6-4-7 皇家咖啡勺

图 6-4-8 白兰地

二、操作步骤

1. 制作黑咖啡

用手冲壶冲煮咖啡，将制作好的黑咖啡倒至咖啡杯中，约 80 mL，如图 6-4-9 所示。

2. 放咖啡勺和方糖

将皇家咖啡勺放在盛有热咖啡的咖啡杯上，如图 6-4-10 所示，在皇家咖啡勺上放一颗方糖，如图 6-4-11 所示。

图 6-4-9　黑咖啡

图 6-4-10　放上皇家咖啡勺

图 6-4-11　加入方糖

3. 倒入白兰地酒点火

用量杯量取 15 mL 白兰地酒倒在方糖上，润湿方糖，如图 6-4-12 所示。

图 6-4-12　在方糖上倒入白兰地酒

4. 点火

点燃润湿的方糖，如图 6-4-13 所示，使其燃烧会产生蓝色的火焰（见图 6-4-14），方糖会部分熔化。

图 6-4-13　点燃润湿的方糖

图 6-4-14　燃烧方糖

5. 出品

待火焰熄灭后，将皇家咖啡勺里熔化的方糖放入咖啡中搅拌均匀即可饮用，如图 6-4-15 所示。

图 6-4-15 放入熔化的方糖并搅拌均匀

6. 清洁

（1）清洁研磨机。用清洁刷清扫研磨机洒落的残粉。

（2）清洁器具。将使用过的手冲壶、分享壶、量杯等器具清洗干净，放回指定区域。

（3）清洁操作台面。用专用清洁布擦拭操作台面，确保干净无污迹。

三、注意事项

1. 建议选择喷射打火机，火力比较集中，使用时要注意安全，避免烫手。

2. 为保证酒香味和甜度，咖啡基底液为 50～80 mL 即可，也可根据喜好来确定；咖啡基底可用手冲壶或者其他壶具制作，浓淡根据喜好进行调整。

任务 3　爱尔兰咖啡制作

爱尔兰咖啡是一款鸡尾酒，是以爱尔兰威士忌为基酒，配以咖啡调制而成。爱尔兰咖啡既像酒，又像调饮咖啡，制作比较简单，将爱尔兰威士忌倒入特制的爱尔兰咖啡杯里，加入方糖点燃，再加入黑咖啡，挤入鲜奶油即可。爱尔兰咖啡伴有酒香、奶油香和咖啡香，香气丰富浓烈，甜感好，微微苦，口感醇厚，层次分明，高温时香气最佳，要趁热品饮。

一、操作准备

1. 设备与器具

（1）设备。咖啡研磨机 1 台。

（2）器具。虹吸壶 1 套、咖啡量勺 1 把、咖啡粉杯 1 个、盎司杯 1 个、爱尔兰咖啡杯架（见图 6-4-16）1 个。

（3）杯具。爱尔兰咖啡杯（见图 6-4-17）1 个。

（4）称量工具。电子秤 1 台。

2. 物料

爱尔兰威士忌 50 mL、新鲜咖啡熟豆 100 g、奶油若干、方糖若干。

3. 清洁工具

清洁布 1 块、口布 1 块、研磨机清洁刷 1 把。

图 6-4-16　爱尔兰咖啡杯架

图 6-4-17　爱尔兰咖啡杯

二、操作步骤

1. 制作咖啡

用虹吸壶制作黑咖啡，如图 6-4-18 所示，也可使用其他壶具制作。

2. 加酒、加糖

将爱尔兰威士忌倒入爱尔兰咖啡杯（见图 6-4-19）至第一条刻度线处（约

30 mL），加入方糖，如图 6-4-20 所示。

图 6-4-18　黑咖啡

图 6-4-19　倒入爱尔兰威士忌

图 6-4-20　加入方糖

3. 加热

点燃杯架上的酒精灯，如图 6-4-21 所示。将爱尔兰咖啡杯放在杯架上，持续转动杯脚，使其均匀受热，使方糖熔化，如图 6-4-22 所示。

图 6-4-21　点燃酒精灯

图 6-4-22　旋转加热

4. 加入咖啡

待方糖熔化后，取下爱尔兰咖啡杯，熄灭酒精灯，将咖啡倒入爱尔兰咖啡杯至第二条刻度线处（约 60 mL），如图 6-4-23 所示。

5. 加奶油

将发泡奶油由外至内呈螺旋状挤在咖啡上，即完成制作，如图 6-4-24 所示。也可在奶油上面挤上巧克力酱或少许爱尔兰威士忌作装饰，可增加香气。

6. 清洁

（1）清洁研磨机。用清洁刷清扫研磨机洒落的残粉。

（2）清洁器具。将用过的虹吸壶、爱尔兰咖啡杯等器具清洗干净，放回指定区域。

图 6-4-23　加入咖啡至第二条刻度线　　　图 6-4-24　加入奶油

（3）清洁操作台面。用专用清洁布擦拭操作台面，确保台面干净无污迹。

三、注意事项

1. 方糖可根据喜好斟酌添加量，加 1~3 颗不等。
2. 爱尔兰咖啡杯是玻璃材质的，操作中又使用酒精加热，因此在加热前需要把杯壁外侧擦干，以免炸裂。

任务 4　摩卡咖啡制作

摩卡咖啡是由意式浓缩咖啡、巧克力酱、鲜奶油和牛奶混合而成的一种经典咖啡。摩卡咖啡又苦又甜，有浓厚的巧克力味和牛奶味，不太能接受意式浓缩咖啡的人可以饮用这款咖啡。

一、操作准备

1. 设备与器具

（1）设备。半自动咖啡机 1 台、意式咖啡研磨机 1 台。

（2）器具。粉锤 1 个、布粉器 1 个、磕渣盒 1 个。

（3）杯具。咖啡杯 1 个、盎司杯 1 个。

（4）称量工具。电子秤 1 台。

2. 物料

新鲜咖啡熟豆 100 g、巧克力酱（见图 6-4-25）1 瓶、牛奶若干、奶油若干。

图 6-4-25　巧克力酱

3. 清洁工具

清洁布 1 块、口布 1 块、研磨机清洁刷 1 把。

二、操作步骤

1. 加入巧克力酱

在杯底加入 15 g 巧克力酱，如图 6-4-26 所示。

2. 制作意式浓缩咖啡

萃取意式浓缩咖啡，并倒入装有巧克力酱的杯子中，如图 6-4-27 所示。

3. 搅拌

将意式浓缩咖啡与巧克力酱搅拌均匀，如图 6-4-28 所示。

图 6-4-26　加入巧克力酱

图 6-4-27　加入咖啡

图 6-4-28　搅拌均匀

4. 制作牛奶奶泡（沫）

用半自动咖啡机制作牛奶奶泡（沫），如图 6-4-29 所示。

5. 加入牛奶、奶油和巧克力酱

将打发好的牛奶奶泡（沫）倒入咖啡杯中，在咖啡表面挤入奶油，最上层淋上适量巧克力酱，完成摩卡咖啡的制作，如图 6-4-30 所示。

图 6-4-29　制作牛奶奶泡（沫）

图 6-4-30　摩卡咖啡

6. 清洁

（1）清洁研磨机。用清洁刷清扫研磨机洒落的残粉。

（2）清洁器具。将所使用过的奶缸、搅拌棒等器具清洗干净，放回指定区域。

（3）清洁操作台面。用专用清洁布擦拭操作台面，确保台面干净无污迹。

三、注意事项

1. 摩卡咖啡分为有奶油和无奶油两类，不喜欢喝有奶油的，直接挤入巧克力酱即可。

2. 意式浓缩咖啡与巧克力酱要尽量搅拌均匀，以免饮用时味道不均衡。

3. 与巧克力酱混合后的意式浓缩咖啡油性较强，将打好的牛奶奶泡（沫）倒入咖啡杯中时，奶泡（沫）容易滑动，所以要尽可能缓慢地加入。

任务 5　焦糖玛奇朵咖啡制作

焦糖玛奇朵咖啡是一种加入焦糖糖浆的咖啡，由意式浓缩咖啡、牛奶奶泡

（沫）、焦糖糖浆制作而成。在香浓的意式浓缩咖啡中加入焦糖糖浆，再注入牛奶奶泡（沫），最后淋上纯正的焦糖糖浆，其特点是拥有甜美的焦糖味和香气。焦糖的香甜完全掩盖了咖啡的苦味，入口丝滑细腻，非常适合不能接受咖啡苦味的顾客饮用。

一、操作准备

1. 设备与器具

（1）设备。半自动咖啡机 1 台、意式咖啡研磨机 1 台。

（2）器具。粉锤 1 个、布粉器 1 个、磕渣盒 1 个、艺术搅拌棒 1 个。

（3）杯具。咖啡杯 1 个、咖啡勺 1 把。

（4）称量工具。电子秤 1 台。

2. 物料

新鲜咖啡熟豆 100 g、全脂牛奶 500 mL（冷藏）、焦糖糖浆（见图 6-4-31）1 瓶。

图 6-4-31 焦糖糖浆

3. 清洁工具

清洁布 1 块、口布 1 块、研磨机清洁刷 1 把。

二、操作步骤

1. 制作热咖啡

向咖啡杯中倒入 60 mL 意式浓缩咖啡，如图 6-4-32 所示。

图 6-4-32 向咖啡杯中倒入意式浓缩咖啡

2. 加入焦糖糖浆

加入 15 mL 焦糖糖浆,如图 6-4-33 所示;搅拌均匀,如图 6-4-34 所示。

图 6-4-33 加入焦糖糖浆　　图 6-4-34 搅拌均匀

3. 打奶泡(沫)

将绵密的热奶泡(沫)用汤匙舀出数匙铺满杯子,如图 6-4-35 所示。

4. 挤入焦糖糖浆

在奶泡上挤入焦糖糖浆,如图 6-4-36 所示,制作完成。

图 6-4-35 铺满奶泡(沫)　　图 6-4-36 挤入焦糖糖浆

三、注意事项

1. 在喝焦糖玛奇朵咖啡时使用吸管品尝，可以体验到层次的变化，先喝到底层咖啡的风味，再喝到中层融合了牛奶的咖啡。

2. 在奶泡表面淋上焦糖后，可用钩花针进行钩花，视觉效果会更好。

任务 6　拿铁咖啡制作

拿铁咖啡是由咖啡与牛奶组合而成，牛奶多咖啡少，比例上与卡布奇诺咖啡有很大不同。"拿铁"是意大利文"Latte"的译音，拿铁咖啡分为意式拿铁咖啡、美式拿铁咖啡、焦糖拿铁咖啡等。意式拿铁咖啡为纯牛奶加咖啡，美式拿铁咖啡则将部分牛奶替换成奶泡，焦糖拿铁咖啡是加了焦糖以提高甜度的拿铁咖啡。

还有一种欧式拿铁咖啡称为欧蕾咖啡，是把一杯意式浓缩咖啡和一大杯热牛奶同时倒入一个大杯子中，最后在液体表面放两勺打成泡沫的奶油。它的特点是要求牛奶和浓缩咖啡一同注入杯中，牛奶和咖啡在第一时间相遇，碰撞出特殊的风味，这是有别于美式拿铁咖啡和意式拿铁咖啡的地方，法国人比较钟情于欧蕾咖啡。

一、操作准备

1. 设备与器具

（1）设备。半自动咖啡机 1 台、意式咖啡研磨机 1 台。

（2）器具。奶缸 2 个、艺术搅拌棒（见图 6-4-37）1 个。

（3）杯具。拿铁咖啡杯（见图 6-4-38）1 个。

（4）称量工具。电子秤 1 台。

2. 物料

新鲜咖啡熟豆 100 g、牛奶 500 mL（冷藏）。

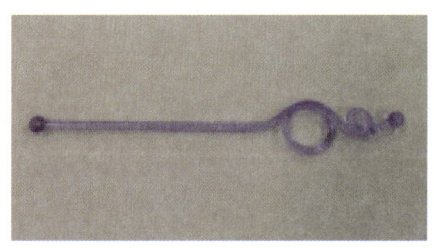
图 6-4-37 艺术搅拌棒

图 6-4-38 拿铁咖啡杯

3. 清洁工具

清洁布 1 块、口布 1 块、研磨机清洁刷 1 把。

二、操作步骤

1. 制作意式浓缩咖啡

制作意式浓缩咖啡（见图 6-4-39），制作方法同"模块 3 课程 3 任务 1 半自动咖啡机制作咖啡"。

2. 制作牛奶奶泡（沫）

制作好的牛奶奶泡（沫）如图 6-4-40 所示，制作方法同"模块 6 课程 3 任务 1 牛奶奶泡（沫）制作"。

图 6-4-39 制作意式浓缩咖啡

图 6-4-40 牛奶奶泡（沫）

3. 加入牛奶奶泡（沫）

将打好的牛奶奶泡（沫）注入拿铁咖啡杯至七分满，如图 6-4-41 所示。

图 6-4-41　加入牛奶奶泡（沫）

4. 加入咖啡

将咖啡缓缓注入有牛奶奶泡（沫）的拿铁咖啡杯，用艺术搅拌棒引流至满杯，如图 6-4-42 所示，形成黑白分层，得到拿铁咖啡，如图 6-4-43 所示。

图 6-4-42　注入意式浓缩咖啡

图 6-4-43　拿铁咖啡

三、注意事项

1. 打奶泡时，需控制起泡量，有少量奶泡即可。
2. 在注入咖啡时需用艺术搅拌棒进行引流，以减缓速度。
3. 想要增加底层牛奶的密度或改变口感，可最先在杯底加入巧克力酱或糖浆。

任务 7　康宝蓝咖啡制作

康宝蓝咖啡是在意式浓缩咖啡的表面加上打发的淡奶油制作而成的，两种

原料的甜蜜与醇苦混合在一起，酿造出柔和爽口的风味。康宝蓝咖啡成分简单，只有咖啡和奶油，想要做到有浓郁的咖啡味，却又甜而不腻，制作时需要注意以下几个方面：第一，选择醇厚度高且有坚果、可可、巧克力等风味的意式拼配咖啡豆；第二，选择品质好且打发后坚挺厚实的淡奶油，太软的淡奶油成形效果差，容易融化，影响外观和口感；第三，咖啡和奶油的比例要协调，喜欢咖啡味道浓郁的可以选择双份意式浓缩咖啡，喜欢咖啡味道淡薄的可以选择单份意式浓缩。

饮用康宝蓝咖啡时不需要搅拌，大口喝下浓缩咖啡及鲜奶油，喝第一口时是柔滑香甜的奶油，略带一点儿咖啡油脂的香醇，第二口之后便是浓郁的咖啡味和醇厚的口感。整个品尝过程中，冷奶油和热浓缩咖啡的对比形成了独特的口感，奶油的香甜和咖啡的香醇在唇齿间回味持久。

一、操作准备

1. 设备与器具

（1）设备。半自动咖啡机 1 台、意式咖啡研磨机 1 台。

（2）器具。粉锤 1 个、布粉器 1 个、磕渣盒 1 个、搅拌棒 1 个。

（3）杯具。咖啡杯 1 个。

（4）称量工具。电子秤 1 台。

2. 物料

新鲜咖啡熟豆 100 g、奶油适量。

3. 清洁工具

清洁布 1 块、口布 1 块、研磨机清洁刷 1 把。

二、操作步骤

1. 制作意式浓缩咖啡

制作双份意式浓缩咖啡（约 60 g），如图 6-4-44 所示。

2. 挤入奶油

将裱花头靠近咖啡液面，沿着杯壁顺时针旋转挤入奶油，挤入过程中逐渐往杯子中心点呈螺旋状上升，结束时，将裱花头轻轻下压一下，再往上提即可，成品康宝蓝咖啡如图 6-4-45 所示。

图 6-4-44　双份意式浓缩咖啡

图 6-4-45　康宝蓝咖啡

三、注意事项

1. 挤入奶油时,挤压力度要均匀,挤压力度与旋转速度要吻合。挤压力度大,旋转速度要快;挤压力度小,旋转速度要慢。

2. 挤压时,以螺旋上升的方式进行旋转,这样能够得到比较美观的造型。

任务 8　冰美式咖啡制作

冰美式咖啡是美式咖啡的一种,与美式咖啡不同之处就是加了冰和冰水,而美式咖啡是使用美式滴滤咖啡壶制作出的黑咖啡,或者是在意式浓缩咖啡中加入一定比例的水制成。这种制作方法让咖啡的口感更加平滑,尽管它的味道比意式浓缩咖啡要淡很多,但仍然保留了咖啡豆的主要风味。使用美式滴滤咖啡壶制作出的黑咖啡萃取时间比较长,咖啡因含量比意式浓缩咖啡高,但口感较薄,适合慢慢享用。冰美式咖啡用意式浓缩咖啡、适量的冰和冰水制作而成,特别适合在炎热的夏天饮用。

一、操作准备

1. 设备与器具

(1) 设备。半自动咖啡机 1 台、意式咖啡研磨机 1 台。

(2) 器具。粉锤 1 个、布粉器 1 个、磕渣盒 1 个、搅拌棒 1 个、奶缸 2 个。

(3)杯具。咖啡杯1个。

(4)称量工具。电子秤1台。

2. 物料

新鲜咖啡熟豆 100 g、冰块适量。

3. 清洁工具

清洁布1块、口布1块、研磨机清洁刷1把。

二、操作步骤

1. 加入冰块

在咖啡杯中装满冰块（约150 g），如图6-4-46所示。

2. 加入冰水

再倒入冰水至九分满，约100 mL，如图6-4-47所示。

图6-4-46 加入冰块

图6-4-47 加入冰水

3. 制作意式浓缩咖啡

制作意式浓缩咖啡（约60 mL），如图6-4-48所示。

图6-4-48 意式浓缩咖啡

4. 加入意式浓缩咖啡

在装有冰水混合物的咖啡杯中倒入意式浓缩咖啡，如图 6-4-49 所示，完成冰美式咖啡制作，如图 6-4-50 所示。

图 6-4-49　加入意式浓缩咖啡　　图 6-4-50　冰美式咖啡

三、注意事项

1. 冰美式咖啡制作比较简单，主要由浓缩咖啡、冰和冰水构成。由于冰美式咖啡加入了大量的冰和冰水，长期饮用会对胃有一定的负面影响，不建议长期饮用。

2. 冰美式咖啡的浓淡可根据顾客喜好决定，喜欢喝浓郁的顾客可以少加些冰水，喜欢喝淡些的顾客可以多加些冰水。

模块 7 吧台设备维护与管理

课程 1　吧台设备维护

一些咖啡店或者酒店餐厅等商业场所主要使用半自动咖啡机制作各类咖啡，家庭或者办公室往往会使用全自动咖啡机制作咖啡。这些咖啡机在使用过程中难免会出现各种各样的故障，作为咖啡师需要具备一定的故障排查能力。

任务 1　咖啡机故障排查与维护

知识准备

一、半自动咖啡机的故障类型

1. 不能萃取咖啡

发生此类故障的原因通常是锅炉系统缺水或咖啡冲煮头堵塞。

2. 咖啡粉碗外缘溢出

发生此类故障的原因通常是咖啡冲煮头胶圈老化，但也有可能是咖啡冲煮把手未锁紧、咖啡冲煮把手的滤网边缘有咖啡粉等原因。

3. 蒸汽管滴水

发生此类故障的原因通常有蒸汽杆接头内密封圈老化、蒸汽开关没有完全关紧、蒸汽喷嘴松动三种。

4. 蒸汽管喷嘴不出蒸汽

蒸汽管喷嘴不出蒸汽，可能是加热装置故障或喷嘴堵塞。

5. 浓缩咖啡出品温度低

发生此类故障现象一方面是操作导致的，包括咖啡粉研磨过粗或者填压的力度不够导致热水通过滤网的速度过快、没有温杯等；另一方面是咖啡机自身问题，主要包括加热交换器内水垢太多、电加热棒烧坏等。

6. 其他故障

其他故障还包括意式浓缩咖啡出品温度高、咖啡流速太快或太慢、压力表不能正确显示压力、所有面板灯闪烁、咖啡萃取咖啡量与设定不同等。

二、全自动咖啡机的故障类型

1. 水流不畅

水流不畅主要是由于咖啡机过滤器和管道堵塞导致。

2. 咖啡味道不正常

咖啡机如果长期不清洗，管道中的咖啡渣和沉淀物会影响咖啡的味道。

3. 咖啡机不工作

咖啡机不工作有可能是电源出故障或者水箱里的水未加满。

任务实施

一、操作准备

1. 设备与器具

（1）设备。半自动咖啡机1台。

（2）器具。多功能扳手（见图7-1-1）1把、咖啡冲煮头密封胶圈拆卸工具（见图7-1-2）1套。

图7-1-1 多功能扳手

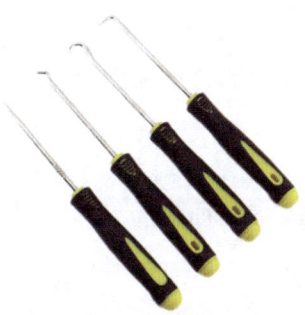

图7-1-2 咖啡冲煮头密封胶圈拆卸工具

2. 清洁工具

清洁布1块。

二、操作方法

半自动咖啡机故障排查方法见表7-1-1。

表7-1-1 半自动咖啡机故障排查方法

序号	故障现象	故障原因	解决方法
1	不能萃取咖啡	锅炉系统缺水 咖啡冲煮头电磁阀堵塞 控制熔丝烧坏	检查供水系统 清洁咖啡冲煮头电磁阀 更换熔丝
2	咖啡从粉碗外缘溢出	咖啡冲煮头胶圈老化 咖啡冲煮把手未锁紧 粉碗边缘有咖啡粉	更换咖啡冲煮头胶圈 锁紧咖啡冲煮把手 清理粉碗边缘咖啡粉
3	蒸汽棒滴水	蒸汽杆接头内密封圈老化 蒸汽开关没有完全关紧 蒸汽喷嘴松动	更换蒸汽杆接头内密封圈 关紧蒸汽开关 紧固蒸汽喷嘴
4	蒸汽棒喷嘴不出蒸汽	加热装置出故障 喷嘴堵塞 压力开关损坏，所调压力不起作用	检查加热装置 清理喷嘴 更换压力开关
5	浓缩咖啡出品温度低	电加热棒烧坏 热交换器内水垢太多 热循环系统不通	更换加热棒 除去热交换器内水垢 检修热循环系统
6	浓缩咖啡出品温度高	压力开关调节过高 咖啡粉研磨过细	调节压力开关 把研磨度调粗
7	机器漏水	排水管堵塞 排水管破裂	清理排水管 更换排水管
8	压力表显示压力不正确	压力表显示值不正确	更换压力表
9	所有面板灯闪烁	锅炉系统里水未加好 主管道没水 上水系统被关	检查供水系统并加水 检修机器管道 检修过滤器
10	咖啡实际萃取量与设定萃取不同	流量计连接不正确 流量计损坏 咖啡粉量不正确	检修流量计连线 更换流量计 检修研磨机定量分配器
11	咖啡粉太湿	电气部分有水 咖啡机出水温度太低 热循环阻塞	干燥电控部门 等待温度升至标准值 检查热循环系统

三、注意事项

1. 咖啡机出故障时,首先要分析原因,经验丰富的咖啡师能快速分析出原因并排除故障,若缺乏经验,可以先查看说明书,也可以咨询商家。

2. 在日常使用中,要做好咖啡机的保养和维护,定期清洗和检查,以保证咖啡机长期稳定运行。

任务 2　咖啡研磨机故障排查与维护

咖啡研磨机在使用时,经常会出现各种故障,需要掌握故障排查和使用维护知识和技能。

一、常见故障的故障类型

1. 研磨机卡豆

研磨机卡豆是指咖啡豆卡在磨盘上而无法研磨。

2. 刀盘磨损严重

长时间使用研磨机,刀盘会因为与咖啡豆的摩擦而磨损,导致无法正常研磨。

3. 研磨的咖啡粉有异味

在研磨咖啡豆的过程中,咖啡粉会粘在刀盘上,若未及时清洁,则会污染下一次研磨的咖啡粉,使其带有异味。

在处理咖啡研磨机故障时,应首先确定故障原因,然后进行相应的维修或更换,以保证研磨机正常工作,提高咖啡粉的研磨质量。同时,建议对咖啡机进行定期维护,以保证设备的正常使用。

二、正确维护咖啡研磨机

1. 保持研磨器干净

定期清洁咖啡研磨机的研磨器,确保其不会堵塞。

2. 保持空气畅通

定期打开咖啡研磨机的过滤器,确保空气畅通。

3. 避免过度使用

避免过度使用咖啡研磨机,以免其过度磨损。

4. 定期检查

定期检查咖啡研磨机的工作性能，确保其正常运作。

5. 正确保存

在清洁和维修咖啡研磨机后，将其保存在干燥通风的地方，确保其不会受到损坏。

一、操作准备

1. 设备与器具

（1）设备。咖啡研磨机 1 台。

（2）器具。扳手 1 个。

2. 清洁工具

清洁气球 1 个、清洁刷 1 把。

二、操作方法

咖啡研磨机故障排查方法见表 7-1-2。

表 7-1-2　咖啡研磨机故障排查方法

序号	故障现象	故障原因	解决方法
1	研磨时不出粉	研磨机卡豆	先断开电源，避免研磨机机芯因无法转动而烧毁；转动研磨粗细刻度盘到较大数字后再研磨；再次关机调整所需刻度
2	研磨机无法正常工作	刀盘磨损严重	定期检查磨盘的磨损程度，及时更换磨盘借助扳手将磨盘从咖啡研磨机中拆卸下来
3	研磨咖啡粉带有异味	磨盘未清洁	用清洁刷彻底清除残留的咖啡粉，若有清扫不到的死角，可用清洁气球吹出

三、注意事项

1. 在日常使用中，要做好咖啡研磨机的保养和维护，定期清洁和检查，以保证咖啡研磨机长期稳定运行。

2. 咖啡豆仓里有咖啡豆时不允许调节刻度盘，以免损伤刀片。

任务3 水过滤净化装置清洁与维护

使用净水器，可有效过滤各类污染物质，达到生饮标准，且成本相对较低。净水器是纯物理的过滤方法，可以有效地去除各类污染物，如细菌、余氯、重金属、水垢、挥发性物质、铁锈、泥沙等。

制作咖啡的水要求先经过过滤，且要求没有异味。当水的总溶解物质（TDS）为 125～175 μg/L、pH 值为 6～8 时最为合适，比较容易达到萃取率和浓度的理想值，风味也会比较好，所以通常会在咖啡机、烧水器等机器上配置过滤净水装置和软水装置。

一、净水器的类型

净水器按照滤芯差异主要分为以下三类。

1. 微滤净水器

微滤净水器的过滤孔径大小为 0.1 μm，采用不锈钢滤网、PP 棉等过滤材料，可过滤肉眼可以看见的杂质，如小虫、泥沙、铁锈等大颗粒物质。

2. 超滤净水器

超滤净水器采用超滤膜，孔径大小为 0.01 μm 采用中空纤维材料，可以过滤水中的细菌、胶体等物质。

3. 反渗透净水器

反渗透净水器采用反渗透滤膜，孔径只有 0.000 1 μm，几乎能过滤所有的细菌、病毒、重金属、有机物、固体可溶物，它是目前最彻底的水处理方法。

二、水质的快速检测方法

1. 感官检测法

感官指标是判断水质的重要指标之一，通过观察、闻、尝、触等感官方式来判断水质的好坏。眼观与鼻闻是最简单粗略的水质检测方法。

（1）视觉观察。观察水的颜色、透明度、浑浊度等指标可以初步判断水的质量。水应该透明，无色无味，若是混浊、有色或者有异味，说明有质量问题。

（2）嗅觉指标。正常的水应该是无味的，若水有刺鼻的气味，说明水中可能含有有害物质，如氯气、硫化氢等。此外，水中还可能含有腐败物质、细菌等，这些物质也会产生异味。

（3）味觉指标。正常的水应该是清甜的，若水中有苦味、酸味、咸味等，说明可能含有有害物质。若含有氯化物、硫酸盐等，就会产生咸味；若含有过多的硫酸氢根离子，就会有酸味。

（4）触觉指标。正常的水应该是清爽无颗粒感的，如果水中有沙粒、泥沙等，就会影响水的触感。此外，水中还可能含有过多的可溶性钙、镁等化合物，导致水的硬度高，影响水的触感。

2. TDS水质笔检测法

TDS水质笔是一种电子量化仪器，通过它可以非常准确地检测水中溶解性总固体物质含量。测量方法也比较简单，将TDS水质笔放入待检测的水中，按下检测键，就会显示TDS值，水中含杂质越多，检测出来的数字越大，水中含杂质越少，代表水中的溶解性总固体物质越少，水质越纯。一般的自来水为100~1 000 mg/L，而国家规定的纯净水为0~40 mg/L。咖啡店可以使用TDS水质笔测定硬度。

三、软水器的使用

水质的硬度直接影响咖啡机的性能，会影响热传导、管路水流量、咖啡的温度及咖啡萃取质量，同时会在咖啡机内部产生水垢，影响咖啡的口感。而咖啡机的一些故障也大多发生在水路，如电子阀、流量计等，锅炉里面的水垢会影响加热棒的使用寿命，水中钙镁离子是结垢的主要因素，加热棒的热量会因为水垢的阻隔无法高效传到水中，严重时会造成加热棒线圈烧毁。

软水器可将水中的钙、镁离子含量大大降低。软水器的工作原理就是将水中的镁离子和钙离子用钠离子置换出来，软水器中的钠离子越少，钙镁离子就越多，因此软水器需要补充钠离子。

一般商用半自动咖啡机多直接使用自来水，若自来水中的泥沙、铁锈等含量超标，除了使用软水器外，还必须使用净水器。

任务实施

一、操作准备

1. 设备与器具

（1）设备。半自动咖啡机1台。

（2）器具。扳手1把、PP棉滤芯、超滤膜滤芯、反渗透膜滤芯。（根据实际情况确定各种滤芯的数量。)

2. 清洁工具

清洁布 1 块。

二、操作步骤

1. 排查滤芯使用情况

（1）核实使用时间及滤芯类型。

（2）观察颜色。

（3）看出水量。

2. 滤芯更换判断

滤芯的更换需注意要根据不同类型、材质选择不同更换周期，见表 7-1-3。

表 7-1-3　不同滤芯更换周期

滤芯类型	更换周期
PP 棉滤芯	3 个月左右，滤芯表面变成土黄色
超滤膜滤芯	1～2 年，滤芯表面变成土黄色，产水率小于 600 mL/min
反渗透滤膜滤芯	1～2 年，滤芯表面变成土黄色，产水率小于 600 mL/min

3. 更换步骤

（1）正常摆放净水器，向上取下上盖。

（2）顺时针方向取下滤芯。

（3）放置新滤芯，按照逆时针方向旋入。

（4）向下盖上盖板，更换完成。

三、注意事项

1. 观察咖啡机或者净水器的滤芯颜色及出水状态。

2. 净水器需要定期清洗或更换内部滤芯，无论使用何种材料的滤芯，经过一段时间的使用都会吸附上许多有机物，容易成为细菌滋生的温床。在净水器滤芯使用周期上，应该严格进行定期更换。

任务 4　制冰机故障排查与维护

制冰机是咖啡吧台必不可少的设备，使用中也会发生一些小故障，咖啡师

必须学会排查制冰机故障。

一、制冰机工作原理

通过进水阀门，水自动进入蓄水槽，然后通过水泵抽水到分流管，分流管将水均匀地流到被低温液态制冷剂冷却后的蒸发器上，水被冷却至冰点，这些冷却到冰点的水将会凝固变成冰，而没有被蒸发器冻结的水又流入蓄水槽，通过水泵重新循环。当冰块达到要求的厚度时，进入脱冰状态，将压缩机排出的高压热气通过换向阀引流到蒸发器上，取代低温液态制冷剂。这样在冰块和蒸发器之间就形成了一层水膜，这层水膜使冰块脱离蒸发器，冰块靠重力的作用自由地落入下面的储冰槽中。

二、制冰机的清洁

制冰机所制冰块一般都是直接食用的，因此，制冰用水和制冰机的清洁非常重要，通常分为每日清洁与每月清洁。

1. 每日清洁

每天营业结束后要清洗冰铲和储冰箱门；使用消毒液消杀制冰机表面及附近区域的空间和地面。

2. 每月清洁

对制冰机内部、净水管道等进行除垢以及消毒清洁。

当然，具体的周期还要看使用的情况，每天都使用且使用量大时，清洁频率就要高一些。

一、操作准备

1. 设备与器具

（1）设备。制冰机1台。

（2）器具。扳手、旋具等。（可根据实际情况调整数量。）

2. 清洁工具

清洁布1块。

3. 维护保养剂

食用盐、制冷剂若干。

二、操作方法

制冰机常见故障排查方法见表 7-1-4。

表 7-1-4　制冰机常见故障排查方法

故障现象	故障原因	处理方法
启动按钮，指示灯不亮，制冰机未启动	外接电源无电	检查是否断电，接上电源
	空气开关跳闸	手动复位
	启动开关失效	更换开关按钮
满冰缺水指示灯亮	水箱缺水	检查供水及水压是否正常，保证供水量
	满冰开关损坏	更换满冰开关
	液位开关损坏	更换液位开关
减速机故障灯亮	电动机部分烧损	需更换电动机
	电动机缺相	检查减速机热继电器（蓝色）复位键
	电动机电流故障	按下减速机热继电器（蓝色）复位键
	冰刀位置偏移	适当调整冰刀位置
运行噪声大，且冰片碎而透明	盐水浓度太低	加入少许食用盐
	盐水泵及管道阻塞	清洗盐水泵及管道
	盐水管中有空气进入	将空气完全排出
	盐水泵损坏	更换盐水泵
制冰机正常运转但不结冰	制冷剂不够	充填足量的制冷剂
	制冷剂泄漏	需技术人员检查修理
	冷冻机故障	需技术人员检查修理
	散水盘缺水	调节水箱内水阀
结冰面的冰难滑落	冷冻机故障	需技术人员检查修理
	制冷剂泄漏	需技术人员检查修理
	膨胀阀调节不当	重新适当调节
	盐水浓度过高	重新适当调节
	刮冰刀偏移或磨损	调整或更换刮冰刀
	轴承异常	更换轴承
结冰面结冰，但无冰片滑落，或冰刀不转	刮冰刀偏移或磨损	调整或更换刮冰刀
	减速机故障	检查电动机，若烧毁需更换
	轴承异常	更换轴承
	配电控制系统故障	需技术人员检查修理

注：以上复位操作后需延时 10 min 再令系统工作。

三、注意事项

1. 制冰机应安装在通风良好、远离热源、无阳光直接照射的地方，环境温度不应超过 35 ℃，以防止环境温度过高导致冷凝器散热不良，影响制冰效果。
2. 日常维护时，清洗制冰机应关掉电源。

课程 2　吧台管理

咖啡吧台是咖啡门店的核心工作区域，为保证高效出品咖啡饮品，提高工作效率和服务质量，必须做好吧台区域管理工作。

任务 1　咖啡饮品出品管理

知识准备

咖啡门店每天在保证及时出品的同时，还需要保证出品质量，并根据销售类型做好出品管理。

一、咖啡饮品出品质量

1. 保证咖啡饮品卫生和安全

咖啡饮品出品必须保证安全与卫生，制作咖啡饮品所接触的器具必须干净无污渍，咖啡豆和所有辅料必须在保质期内，储存和加工处理方式也必须符合食品安全标准。

2. 保证咖啡饮品品质

确保咖啡饮品的品质是咖啡店长期营运的核心要素，为了达到这一目标，首先，需要控制咖啡豆的质量，已开封的咖啡豆需要采用正确的储存方式；其次，制作时要把控好研磨、萃取等关键技术，确保咖啡的口感和风味达到最佳状态。

3. 出品一致性

同款饮品要保证每次出品尽可能一致，这就需要有标准化的制作配方及流程，所选择咖啡豆、辅料类型及比例要一致，也要保证研磨、萃取等步骤操作一致。

二、咖啡饮品消费类型

根据顾客需求，咖啡门店饮品销售类型主要分为线上外卖消费及到店点餐消费。咖啡出品时，需要根据消费类型做好出品服务。

一、操作准备

1. 设备与器具

（1）设备。半自动咖啡机1台、意式咖啡研磨机1台、小票打印机1台、计算机1台。

（2）器具。菜单1份、纸巾碟1个、托盘1个。（可根据具体情况调整。）

（3）杯具。咖啡杯碟1套、水杯1个、咖啡勺1个。

2. 清洁工具

清洁布1块、口布1块。

二、操作步骤

1. 下单

下单后，立即出票，核对信息，对顾客的特殊要求进行订单备注，需要告知负责制作的咖啡师。

2. 制作咖啡

根据顾客所点品类，按照制作流程进行制作。

3. 出品

（1）堂食出品。需要为顾客做好堂食服务，主要包括以下几个方面：

1）品饮桌干净、整洁，先呈送一杯水，让顾客清口腔，便于更好地品尝咖啡。

2）配上咖啡碟子、勺子（或吸管）、咖啡辅料（牛奶、糖包或者方糖等）。

3）咖啡饮品摆放标准：送至顾客品饮桌时，带有杯耳的咖啡杯，杯耳朝向客人的右手侧，勺子与杯耳朝向一致，方便顾客拿取，同时提供纸巾。

（2）打包出品

1）按照小票上的商品信息，准备对应的外带杯，贴上商品标签贴，不能覆盖商品包装信息及保质期，要求粘贴平整美观。

2）封口。使用封口机进行封口，检查封口贴是否密封，防止咖啡液体洒漏。

3）装袋。根据饮品数量及大小，选用合适的手提袋，摆放在指定位置。

4）配送。与顾客沟通配送要求，协调好配送员，保证高效及时配送。

4. 核查订单与产品数量

需与顾客当面确认产品信息，细心核查产品数量和类型与小票是否一致。

三、注意事项

初学者可申请到实体门店学习饮品出品管理。

任务2　吧台库存盘点

吧台库存盘点制度是一项对吧台物资进行全面检查和核对的制度，是咖啡店经营中的一项重要工作。

一、咖啡吧台库存管理的目的

1. 确保吧台库存的准确性

通过库存盘点，及时发现和纠正盘亏和盘盈情况，确保吧台存货数量准确，提高库存管理的可靠性。

2. 防止偷盗和不当处理

对吧台原材料、饮品和货品进行全面的盘点，及时发现偷盗行为和不当处理情况，加强对盘点人员的监督和纪律约束。

3. 提高管理效率和业务效益

盘点制度的执行能够帮助咖啡店管理人员掌握吧台物资存货的情况，采取相应的措施，减少库存积压，提高效益。

二、咖啡库存盘点要求

1. 盘点周期

根据吧台的实际情况和经营需求，确定日盘、周盘或月盘，确保盘点频率的合理性和准确性。

2. 盘点流程

明确盘点前的准备工作、盘点操作流程、盘点结束后的处理事项等环节，确保盘点工作的规范性和高效性。

3. 盘点人员

确定盘点人员的职责和权限，保证盘点人员具备一定的专业知识和技能，确保盘点工作的准确性和可信度。

一、操作准备

准备盘点记录表、库存清单。（可根据实际情况调整数量。）

二、操作步骤

1. 熟悉物品

在开始库存盘点前，应该提前了解库存物品的摆放位置和存放方式，以便更快地找到并记录物品。

2. 核对实物

根据库存清单，逐一核对实物，确保账物相符。在核对实物时，应该按照存放位置依次进行，避免遗漏或重复计数。

3. 盘点记录和报告

制定盘点记录表，确保盘点结果真实可靠并便于管理分析。库存盘点记录表见表7-2-1。

表 7-2-1　库存盘点记录表

名称	单位	上月结存	本月入库	本月用量	本月结存	单价	金额
纸杯（大）	个						
小品尝纸杯	提						
透明酱料杯	提						
哥伦比亚咖啡豆	袋						
耶加雪菲咖啡豆	袋						
摩卡咖啡豆	袋						
意大利咖啡豆	袋						

续表

名称	单位	上月结存	本月入库	本月用量	本月结存	单价	金额
巴西咖啡豆	袋						
蓝山咖啡豆	袋						
曼特宁咖啡豆	袋						
西米	包						
黑珍珠	包						
黑白淡奶	罐						
意大利面	包						
燕麦粉	袋						
燕麦酱	瓶						
山楂果汁	瓶						
冬瓜露果汁	瓶						
胎菊山楂	包						
浩丰糖水柚	罐						
榕汇糖水柚	罐						
雀巢奶粉	袋						

4. 盘点异常处理

对于盘点中出现的盘亏和盘盈情况，要及时调查处理，查明原因，追究责任，并采取相应的纠正措施。

5. 盘点成本核算

对各种库存物资进行盘点时，要进行成本核算，确保吧台成本的准确性，便于进行利润分析和进行经营决策。

三、注意事项

1. 盘点时对于贵重物品或易混淆的物品，应该采取拍照、标记等措施进行记录，避免出现误差。

2. 盘点后留存单据，根据到货单及时填写入库单。

3. 及时清理临期和到期物料，合理报损，保证食品安全。

第三部分
高级咖啡师技能

模块 8 咖啡拉花与咖啡萃取调整

课程 1 咖啡拉花

咖啡拉花不仅仅要追求图案的美观，同时也要注重咖啡和牛奶融合后的整体口感，所以对牛奶奶泡（沫）质量的把控和调整是在高级咖啡师阶段要继续强化学习的技能。特别是制作比较复杂的咖啡拉花组合图案时，对牛奶奶泡（沫）的稳定性、细腻程度、流动性和绵厚度都有很高要求。若牛奶奶泡（沫）细腻，单个牛奶奶泡（沫）所含空气少，密度高，浮力小，与咖啡的融合度就高；若牛奶奶泡（沫）粗糙，单个牛奶奶泡（沫）所含空气多，密度低，浮力大，与咖啡的融合度就差。牛奶奶泡（沫）与咖啡融合度越高，拉花图案线条就越清晰美观。

任务 1 牛奶奶泡（沫）质量分析及调整

知识准备

一个体系里要形成稳定的泡沫，至少需有两种以上的成分。牛奶中含有蛋白质、脂类和乳糖等成分，符合形成泡沫的体系条件，但需要通过搅打、振摇或注入蒸汽才能形成泡沫。制作牛奶咖啡中的牛奶奶泡（沫）是在牛奶液体中注入蒸汽，牛奶成分、打发温度、蒸汽大小、蒸汽强度等都会影响牛奶起泡（沫）的质量和稳定性。细腻、绵滑和稳定持久的牛奶奶泡（沫）是咖啡师追求的终极目标。

一、牛奶的成分及其对奶泡（沫）的影响

牛奶的主要成分包括水、蛋白质、脂肪、乳糖、无机物和微量维生素等，牛奶类型不同，所含成分差异也大，进而影响牛奶起泡（沫）的效果和咖啡风味。

1. 蛋白质

牛奶中蛋白质含量的高低决定了奶泡（沫）是否容易形成，这是因为牛奶中的蛋白质主要由酪蛋白和乳清蛋白组成。乳清蛋白的起泡性质是指乳清蛋白可以在牛奶的气－液界面形成稳定的薄膜使气泡进入和维持气泡稳定的一种能力。乳清蛋白作为牛奶中一种有效的起泡剂，可以快速地吸附在气－液界面，而且可以迅速在这个气－液界面上展开和重新排布，并可以形成黏合性膜。乳清蛋白在加热至 36～65 ℃时会起泡，当蛋白质含量在 2.8%～3.2% 范围内时，蛋白质含量越高，牛奶的起泡性和泡沫稳定性越好。

2. 脂肪

牛奶中的脂肪主要以脂肪球的形式存在，98% 的牛乳脂肪都是甘油三酸酯的混合物，在脂肪球的表面包裹一层被称为乳脂肪球膜的保护层。脂肪球膜上含有大量的磷酸酯，磷酸酯分子含有两性基团，因此具有良好的乳化性能和起泡性能。当脂肪含量在 0.5%～3.7% 范围内时，随脂肪含量的升高，牛奶的起泡性会缓慢提高。

牛奶根据脂肪含量分为全脂牛奶、低脂牛奶和脱脂牛奶。脂肪含量越高，口感越醇厚饱满，香气越浓郁，所以会根据对咖啡的醇厚度或香气的需求来选择不同脂肪含量的牛奶。

（1）全脂牛奶。全脂牛奶的脂肪含量在 3.3% 左右，起泡性和稳定性好，口感醇厚，有奶香味。

（2）低脂牛奶。低脂牛奶的脂肪含量为 1%～1.5%，能打发起泡，但稳定性较差，奶泡（沫）容易炸裂，持久性差。

（3）脱脂牛奶。脱脂牛奶的脂肪含量低于 0.5%，容易打发起泡，但稳定性较差，牛奶和奶泡（沫）分离，奶味淡薄，水感较重。

3. 乳糖

乳糖是由半乳糖和葡萄糖组成的双糖分子，是人类和哺乳动物乳汁中特有的碳水化合物。当乳糖被加热后产生水溶性，增加甜味，不同乳糖含量的牛奶对咖啡风味有不同的影响。

二、温度与奶泡(沫)的关系

温度会影响牛奶中蛋白质分子的空间结构,当温度升高时,蛋白质轻微变性,产生疏水基团,在疏水基团和蛋白质分子的水化作用下,溶液中分子与分子间作用力加强,从而使牛奶的起泡性能增强。在 0~50 ℃范围内,牛奶的起泡性能随着温度升高而增强。若温度继续升高,则温度越高,脂肪分解越多,易产生粗糙的奶泡。牛奶在发泡的时候,起始的温度越低,蛋白质变性就越完整均匀,发泡程度越高,同时提供较长的时间去打发和打绵,更易打出绵密细腻的奶泡,所以牛奶使用前需要冷藏,冷藏温度为 4 ℃左右。

三、蒸汽量和强度与发泡的关系

蒸汽量的大小与喷嘴孔数多少相关,孔数越多产生的蒸汽量越多。单位时间内蒸汽量越多,加热时间就越短。过大的蒸汽量会使牛奶升温过快,导致奶泡(沫)粗糙且容易溢出;过小的蒸汽量则会使牛奶发泡(沫)效果差,打发时间变长。蒸汽量的大小要适中,忽大忽小的蒸汽量会导致奶泡(沫)质量不稳定。因此,需要根据实际情况调整蒸汽量的大小,以达到最佳的发泡(沫)效果。大蒸汽量适合选用较大的奶缸打发较多的奶量,若奶缸太小容易产生乱流。蒸汽量小,牛奶泡(沫)效果就差,但是不容易产生粗大的气泡。

蒸汽管喷嘴位置分布与蒸汽强度有关,蒸汽管喷嘴出汽方式主要分为集中式与外扩张式两种。外扩张式出汽的蒸汽管在打发牛奶时,蒸汽喷嘴不要太靠近奶缸杯边缘,否则容易产生乱流现象;集中式出汽的蒸汽管,蒸汽喷嘴要略微偏离中心点,不然很容易打出粗泡沫。

四、牛奶奶泡(沫)质量分析

三种不同状态的牛奶奶泡(沫)质量分析见表 8-1-1。

表 8-1-1 牛奶奶泡(沫)质量分析表

奶泡状态	奶泡(沫)质量	原因
标准状态	奶泡(沫)绵密,流动性强,质感细腻;拉花时能推出线条,易出图	蒸汽喷嘴没入牛奶 1 cm 左右,蒸汽管与奶缸壁成 45°;起泡(沫)量适中,细化均匀
过厚状态	流动性差,容易产生堆积,拉花时出图困难	蒸汽喷嘴埋进牛奶的深度小于 1 cm,容易卷入外部空气,形成过多气泡;起泡(沫)量过多,有粗泡

续表

奶泡状态	奶泡（沫）质量	原因
过薄状态	偏液体状，拉花时无法出图，品尝时无法感知奶泡（沫）的细腻感	蒸汽喷嘴埋进牛奶的深度大于 1 cm，无法接触到外部空气，进气量小；仅对牛奶加热，起泡（沫）难

任务实施

一、操作准备

1. 设备与器具

（1）设备。半自动咖啡机 1 台。

（2）器具。奶缸 2 个。

2. 物料

牛奶 1 L（冷藏）。

3. 清洁工具

口布 1 块、清洁布 2 块、湿毛巾 1 块。（可根据具体情况调整。）

二、操作步骤

1. 标准牛奶奶泡（沫）制作

（1）蒸汽管埋入角度和深度选择。初始选点是蒸汽管与奶缸壁成 45°，蒸汽喷嘴落在中心点，蒸汽喷嘴没入牛奶 1 cm 左右，随着起泡状态再适当调整。蒸汽喷嘴与牛奶液面接触的正面视角如图 8-1-1 所示，侧面视角如图 8-1-2 所示，为清楚观察，这里用水代替牛奶展示。

图 8-1-1　蒸汽喷嘴与牛奶液面接触的正面视角

图 8-1-2　蒸汽喷嘴与牛奶液面接触的侧面视角

（2）起泡（沫）阶段状态及调整。放置好奶缸位置，起始角度如图 8-1-3 所示，打开蒸汽旋钮使得牛奶表面产生连续的气泡，如图 8-1-4 所示。起泡（沫）过程中微微上移奶缸，增加进气量，此阶段发出"嗞嗞"的声音。

图 8-1-3　起始角度　　　　　图 8-1-4　产生连续气泡（沫）

（3）打绵细化阶段状态及调整。当起泡（沫）量达到要求时，将蒸汽喷嘴适当下移或适当上移奶缸，整个打发的状态是牛奶内部产生漩涡，表面气泡（沫）随着奶流旋转卷入内部，如图 8-1-5 所示，此阶段声音柔和，达到细腻、流动性强、厚度适中状态，如图 8-1-6 所示。

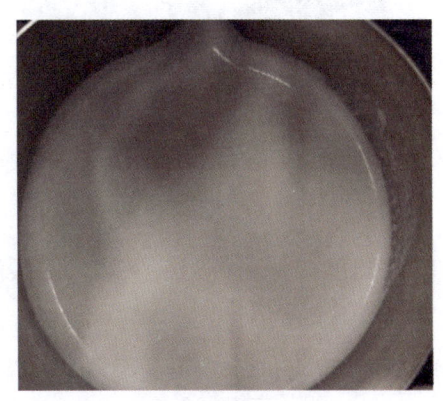

图 8-1-5　漩涡打绵状态　　　　图 8-1-6　细腻绵密的奶泡（沫）

2. 过厚牛奶泡（沫）分析及调整

（1）埋入角度。初始选点时，蒸汽喷嘴埋入牛奶过浅，小于1 cm，如图8-1-7所示。

（2）起泡（沫）阶段。起泡（沫）时卷入大量空气，起泡（沫）过猛容易产生乱流，如图8-1-8所示，形成过厚的粗奶泡（沫），如图8-1-9所示。

图8-1-7 起始深度小于1 cm　　图8-1-8 乱流状态　　图8-1-9 粗奶泡（沫）

（3）角度调整。打发时将奶缸上移，使蒸汽喷嘴埋入牛奶的深度变深。

3. 过薄牛奶泡（沫）分析及调整

（1）埋入角度。初始选点时，蒸汽喷嘴埋入牛奶过深，大于1 cm，如图8-1-10所示。

（2）起泡（沫）阶段。起泡（沫）时无法接触到外部空气，加热时不利于形成奶泡，起泡（沫）量少，如图8-1-11所示，最终形成较薄的起泡（沫）层，如图8-1-12所示。

图8-1-10 起始深度大于1 cm

图8-1-11 起泡量少　　图8-1-12 薄奶泡（沫）

（3）角度调整。将奶缸下移，使蒸汽喷嘴埋入牛奶的深度变浅。

三、注意事项

1.除了以上典型的三种牛奶奶泡（沫）质量类型外，介于三者之间的质量状态还很多，需要多次尝试，观察总结，并不断改进。

2. 手部握缸细节是用一只手握住奶缸手柄，另一只手轻扶奶缸侧边，可以避免奶缸位置偏移以及便于感知奶泡（沫）的打发温度。

任务 2　组合型咖啡拉花图案制作

一、组合型咖啡拉花介绍

咖啡拉花是一种美食与美学艺术的融合，拉花图案花样繁多，如玫瑰、天鹅和蝴蝶等组合图案，复杂度比较高，对咖啡师的拉花技巧和创造力要求更高。咖啡师的牛奶奶泡（沫）制作、意式浓缩咖啡制作、拉花技巧（包括融合技巧、奶缸晃动技巧）等每一个单一技能都必须过硬。

二、咖啡拉花作品要求

精美的拉花作品可从视觉和风味口感两方面进行评估。

1. 视觉

视觉角度包括图案对称性、完整度、清晰度、颜色、创新性与复杂度。

（1）对称性。对称性主要是指拉花图案的左右对称情况。对称度是拉花品质的重要标准之一，对称的图案能给人以平衡和谐的视觉美感。

（2）完整度。拉花图案的完整程度取决于咖啡师的技术以及所使用的设备。一个完整的拉花应能完整展现出图案全貌，如玫瑰花应该包括花瓣、花蕾和花茎等。

（3）清晰度。拉花图案的线条应该清晰流畅，层次分明，无模糊、残缺或变形现象。要做到线条清晰，首先要保证牛奶奶泡（沫）厚度适宜、均匀细腻和流动性好；其次是咖啡油脂细腻均匀和持久稳定；最后要有稳定的融合技巧和出图技巧。

（4）颜色。拉花图案颜色要纯正均匀，干净明亮无色斑，色彩饱和度高，能够呈现清晰美观的图案。通过控制牛奶泡（沫）和咖啡的比例、融合方式等实现颜色的干净均匀。

（5）创意性与复杂度。创意性与复杂度是评价拉花技艺高低的一个重要标准，要求咖啡师在制作过程中寻求一些个性化的元素创造出独特、复杂的图案。

2. 风味和口感

咖啡拉花作品一方面要追求视觉美感，另一方面不能忽略风味和口感。要使味道协调，避免出现咖啡味过重或牛奶味过重的现象，就要控制牛奶、牛奶泡（沫）与咖啡的比例，同时控制温度，以获得最佳的口感和风味。

任务实施

一、操作准备

1. 设备与器具

（1）设备。半自动咖啡机 1 台。

（2）器具。奶缸 2 个。

（3）杯具。拉花杯 2 个。

2. 物料

意式咖啡熟豆 100 g、牛奶 1 L（冷藏）。

3. 清洁工具

口布 1 块、清洁布 2 块、湿毛巾 1 块。（可根据具体情况调整。）

二、操作步骤

以郁金香压纹图案为例说明操作步骤。

1. 制作意式浓缩咖啡

制作意式浓缩咖啡，如图 8-1-13 所示。

图 8-1-13　制作意式浓缩咖啡

2. 制作牛奶奶泡（沫）

制作牛奶奶泡（沫），如图 8-1-14 所示。

3. 融合

将咖啡拉花杯倾斜 45° 左右，距离杯口 5～10 cm，在咖啡液面中间点注入牛奶奶泡（沫），如图 8-1-15 所示；将牛奶奶泡（沫）以细奶流注入意式浓缩咖啡，保持流量不断，如图 8-1-16 所示。

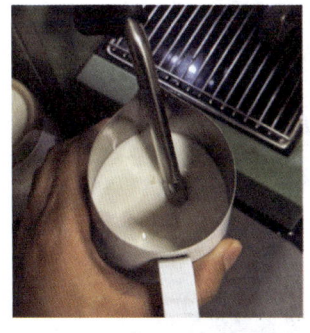

图 8-1-14 制作牛奶奶泡（沫）

图 8-1-15 注入牛奶奶泡（沫）

图 8-1-16 保持细奶流

4. 出图

分三段出图。

（1）第一段，融合到五分满时，奶缸贴近咖啡液面，如图 8-1-17 所示，在中间点位置继续注入牛奶奶泡（沫）并左右后移摆动形成纹路，如图 8-1-18 所示；形成细密纹路后快速往前推，如图 8-1-19 所示；提高奶缸收出一个缺口，如图 8-1-20 所示。

图 8-1-17 奶缸贴近液面

图 8-1-18 左右后移摆动奶缸

（2）第二段，从上一个前推图案的小缺口处注入牛奶奶泡（沫），奶缸缸嘴贴近咖啡液面，如图 8-1-21 所示；使用细奶流摆动推出纹路，形成的"桃心"

图案被前一个图案包围,提高奶缸收细奶流,留出一个小缺口,如图8-1-22所示。

(3)第三段,再次从上一个前推缺口处注入牛奶奶泡(沫),轻微左右摆动,略停留,如图8-1-23所示。

图 8-1-19　快速前推

图 8-1-20　收出缺口(1)

图 8-1-21　从图案小缺口处注入牛奶奶泡(沫)

图 8-1-22　收出缺口(2)

图 8-1-23　从上一个前推缺口处注入牛奶奶泡(沫)

5. 收尾

提高奶缸,使用细奶流并往前推,形成小桃心,如图8-1-24所示,完成郁金香压纹图案的制作,如图8-1-25所示。

图 8-1-24　形成小桃心

图 8-1-25　郁金香压纹图案

三、注意事项

1. 组合图案呈现类型很多,需要靠咖啡师去创新和制作。

2. 咖啡拉花控流练习。建议先用水代替牛奶来练习，可节约成本、避免浪费。一只手拿咖啡杯，另一只手拿奶缸，将咖啡拉花杯倾斜45°，使水流稳定地注入杯中，一开始定点注入，然后试着匀速高低注入和绕圈注入，液量至九分满时，拿拉花杯的手慢慢摆正，收细奶流以收尾。

3. 出品稳定性练习。在连续出品时，为了确保咖啡的口感和拉花图案一致，使用相同的咖啡豆、研磨粗细度、牛奶量和温度，以确保咖啡的口感和质量一致。要在尽可能短的时间内完成，以确保能得到口感和拉花图案一致的咖啡。

课程2　咖啡浓度与萃取率调整

分析咖啡风味时，往往是感官指标结合萃取率和浓度进行综合考量，咖啡的浓度和萃取率是评价一杯咖啡风味品质的重要指标。掌握分析咖啡浓度和萃取率的方法，能够帮助咖啡师调整制作参数，提高咖啡饮品质量。

任务1　咖啡浓度和萃取率分析

知识准备

一、咖啡的萃取率

1. 咖啡萃取率的概念

萃取率是指咖啡粉中萃取出的物质质量占咖啡粉总质量的百分比。适宜的咖啡萃取率能让咖啡的香气浓郁、品尝起来滋味丰富、口感顺滑有层次感。适宜的咖啡萃取率为18%～22%。如果萃取率低于18%，会导致咖啡的风味物质萃取不完整，缺乏层次感和质感，感官表现为香气弱，滋味单一，酸味强，甜度低，口感稀薄。如果萃取率高于22%，会导致过度萃取，则容易萃取出焦苦、尖涩的物质，带有焦味和烟熏味，甜度低，苦味持久，口感厚重但粗糙，涩感强。

2. 咖啡萃取率的计算

咖啡研磨度越细、萃取水温越高、萃取时间越长，咖啡萃取率就越大；咖啡研磨度越粗、萃取水温越低、萃取时间越短，咖啡萃取率就越小。适宜的咖啡研磨度、萃取水温和萃取时间，可得到适宜的咖啡萃取率。

咖啡萃取率的计算公式是：

$$萃取率（\%）= \frac{萃取出的物质质量}{咖啡粉总质量} \times 100\%$$

二、咖啡的浓度

咖啡的浓度是指咖啡粉中萃取出的物质质量占实际咖啡液质量的百分比，用总溶解固体（Total Dissolved Solids，TDS）数值来表示。

咖啡的浓度高低决定咖啡偏淡还是偏浓，进而影响咖啡的整体风味，适宜的浓度让品饮者有适口感。在研磨度、萃取温度和萃取时间一致时，咖啡粉和水的比例是影响咖啡浓度的主要因素，粉水比例越大，浓度越低，咖啡风味越弱；反之，粉水比例越小，浓度越高，咖啡风味越强。

冲煮咖啡的理想浓度常为 1.15%～1.55%，这主要与饮用咖啡地区的偏好有关，亚洲地区和美洲地区的偏好浓度为 1.15%～1.35%，欧洲地区和非洲地区的偏好浓度为 1.25%～1.55%，意式浓缩咖啡的浓度通常为 8%～12%。当然，这只是一个参考范围，在冲煮制作时，具体浓度还是需要根据顾客喜好及咖啡豆的情况进行调整。

咖啡萃取液的浓度可以采用咖啡浓度测试仪（见图 8-2-1）进行测量分析，其原理主要是基于光的折射，通过测量光在咖啡液体中的折射率来判断咖啡的浓度。咖啡浓度测试仪的测量精度取决于仪器的质量以及样品的制备和处理方法。在使用咖啡浓度测试仪进行测量前，需要将咖啡样品制备成均匀、稳定的溶液，以确保测量结果的准确性和可重复性。同时，在测量过程中需要控制咖啡样品的温度，以确保测量结果的稳定性和可靠性。

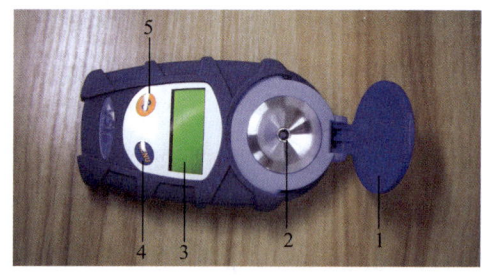

图 8-2-1 咖啡浓度测试仪

1—棱镜盖 2—棱镜 3—显示屏 4—模式转换键 5—开关键

咖啡浓度的计算公式是：

$$\text{浓度}(\%) = \frac{\text{萃取出的物质质量}}{\text{实际咖啡液质量}} \times 100\%$$

一、操作准备

1. 设备与器具

（1）设备。半自动咖啡机1台、自动定量意式咖啡研磨机1台。

（2）器具。计算器1个、咖啡浓度测试仪1台、咖啡粉碗1只、纸巾若干、酒精若干、棉签若干。

（3）杯具。意式浓缩咖啡杯1个、水杯1个。

（4）称量工具。电子秤1台。

2. 物料

意式咖啡豆100 g。

3. 清洁工具

口布1块、清洁布2块、湿毛巾1块、研磨机清洁刷1把。（可根据具体情况调整。）

二、操作步骤

1. 用半自动咖啡机制作意式浓缩咖啡

使用20 g咖啡粉，用双份粉碗萃取；萃取时间为35 s；萃取咖啡液50 g。

2. 使用咖啡浓度测试仪测量浓度

（1）打开棱镜盖，先用纯水清洁棱镜，再用棉签蘸上酒精清洗棱镜。

（2）滴2~3滴咖啡液样品至棱镜表面，按下开关键，测量值将在3 s左右显示在显示屏上，反复测量几次，待数值稳定后再读数，如测得读数为8.35%。

3. 咖啡萃取率计算

$$\text{萃取率}(\%) = \frac{\text{浓度}(\%) \times \text{咖啡液质量}}{\text{咖啡粉质量}} \times 100\%$$

$$= [(8.35\% \times 50) \div 20] \times 100\% = 20.88\%$$

所以，可以得出这是一杯浓度为8.35%，萃取率为20.88%的意式浓缩咖啡。

4. 通过冲煮参数及感官分析咖啡萃取率

（1）冲煮参数分析。咖啡研磨度、萃取水温、萃取时间适宜，可得到适宜的咖啡萃取率。

（2）感官分析。通过品鉴，香气浓郁，酸、甜、苦滋味协调，口感黏稠且顺滑。

三、注意事项

用咖啡浓度测试仪测量咖啡样品时，样品温度应为 20~30 ℃。

任务 2　冲煮咖啡浓度和萃取率调整

知识准备

一、冲煮咖啡感官评估要素

当冲煮咖啡的萃取率在 18%~22% 这个范围内时，咖啡的香气浓郁、风味丰富、口感饱满顺滑有层次感。如果萃取率低于 18%，会导致咖啡风味萃取不完整，缺乏层次和深度；如果萃取率高于 22%，则容易萃取出负面的焦苦风味物质，影响咖啡的口感。浓度决定了咖啡是偏淡还是偏浓，从而影响咖啡的整体口感，当冲煮咖啡的浓度在 1.15%~1.55% 时，浓淡适宜，口感舒适。因此，在制作冲煮咖啡时，需要根据个人喜好和所使用的咖啡豆的特性来调整萃取参数，以获得最佳的口感和风味。

冲煮咖啡的感官风味评价主要包括香气、余韵、酸度、醇厚度、甜度和平衡感等方面。当萃取条件不一样时，会导致萃取程度有差异，有适度萃取、萃取不足、过度萃取、不均匀萃取等情况。冲煮咖啡萃取状态与风味表现和萃取调整见表 8-2-1。

表 8-2-1　冲煮咖啡萃取状态与风味表现和萃取调整

萃取状态	萃取表现	风味表现	建议调整方向
适度萃取	水将咖啡粉中优质的可溶性物质溶解并带出少量非可溶性固体，萃取率为 18%~22%	香气充足；酸质明亮；酸、甜、苦滋味平衡；风味饱满；余韵悠长舒适；口感顺滑饱满	无
萃取不足	咖啡粉中的优质可溶性物质未被水充分溶解带出，萃取率低于 18%	香气较弱；有刺激的强酸；甜度低；风味单一；余韵短；口感单薄	将研磨度调细，萃取水温调高，萃取时间延长，适当增加搅拌的剧烈程度等

续表

萃取状态	萃取表现	风味表现	建议调整方向
过度萃取	咖啡粉中的可溶性物质被水过多溶解带出，萃取率高于22%	可能会有烟熏气；风味复杂，会有木质、草本等风味；强酸或焦苦；余韵悠长但不愉悦；口感厚重粗糙，涩感重	将研磨度调粗，萃取水温调低，萃取时间缩短，适当减小搅拌的剧烈程度等
不均匀萃取	咖啡粉中的优质和劣质可溶性物质被不同程度溶解带出，萃取率可能为18%~22%，也可能不在这个范围内	又酸又苦，尖酸焦苦共存，甜度低，平衡感差；余韵悠长但不愉悦；口感厚重粗糙，涩感重	使用相对均匀的咖啡粉（可用咖啡粉筛筛除过细粉）；把萃取时的粉层分布平整

二、影响咖啡冲煮浓度和萃取率的因素

1. 咖啡豆的烘焙度

烘焙度越浅，咖啡豆内部结构越紧实，可溶性物质越难被萃取出来，萃取率会偏低；烘焙度越深，咖啡豆内部组织越疏松，可溶性物质越容易被萃取，但容易出现过度萃取。

2. 咖啡研磨度

咖啡粉研磨度越细，与水的接触面积越大，萃取率越高，但过细可能导致过度萃取；咖啡粉研磨度越粗，与水的接触面积越小，萃取率越低，可能导致萃取不足。

3. 萃取水温

萃取水温过高可能导致咖啡口感苦涩，水温过低则可能导致咖啡口感酸涩。因此，需要根据具体情况调整水温，一般建议水温为 90~95 ℃。

4. 萃取时间

萃取时间长，被萃取出来的物质就多，但可能导致过度萃取；萃取时间短，被萃取出来的物质就少，可能导致萃取不足。

5. 搅拌强度

冲煮时搅拌越剧烈，萃取率越高，但过度搅拌可能导致过度萃取；搅拌不足也可能导致萃取不足。

6. 粉水比例

粉水比例主要影响咖啡的浓度，但也会间接影响萃取率，一般来说，粉水比例越低，咖啡浓度越高，萃取率也会相对偏高；粉水比例越高，咖啡浓度越低，萃取率也会相对偏低。可以根据口感偏好和实际情况调整粉水比例。

一、操作准备

1. 设备与器具

（1）设备。咖啡研磨机 1 台。

（2）器具。手冲壶 1 把、分享壶 1 个、电控手冲壶 1 把、咖啡量勺 1 把、V60 滤杯 1 个、V60 滤纸 1 张、粉杯 1 个、咖啡浓度测试仪 1 台、咖啡粉碗 1 只、纸巾若干、酒精若干、棉签若干。（可根据实际情况调整。）

（3）杯具。咖啡杯 1 个、咖啡杯碟 1 个、咖啡勺 1 把。

（4）称量工具。电子秤 1 台。

2. 物料

新鲜咖啡熟豆 100 g。

3. 清洁工具

清洁布若干、清洁刷 1 个。

二、冲煮方案设计

以用手冲壶冲煮 300 g 咖啡液为例。

1. 咖啡豆基本信息。产地：云南保山；海拔：900～1 200 m；烘焙度：中度烘焙（咖啡豆色值为 60；咖啡粉色值为 65）；处理方式：日晒加工；杯测风味：杏仁、热带水果、巧克力。

2. 冲煮参数。咖啡粉：25 g；粉水比：1∶14；水量：350 g；萃取水温：92 ℃；萃取时间：150 s；研磨度：中度研磨；V60 滤杯，02 号。

三、操作步骤

1. 研磨咖啡豆

（1）清洁研磨机。用少量的咖啡豆（3～5 g）预研磨，清洁研磨机。

（2）研磨咖啡豆。使用电子秤准确称取 25 g 咖啡豆进行研磨，采用中度研磨，研磨结束立即用清洁刷清洁附着在研磨机上的银皮和细粉等。

2. 折叠滤纸

将滤纸沿着折线部分折叠、压紧。

3. 润洗滤纸

将滤纸放入滤杯，用热水润洗滤纸 2～3 次，整片滤纸需要被润湿，让滤纸贴在滤杯上，同时确保滤杯被温热，在 2 min 以内开始萃取，以免滤杯降温。

4. 萃取

（1）将研磨好的咖啡粉倒入放有滤纸的滤杯中，并轻轻敲滤杯使咖啡粉表面平整。

（2）用 92 ℃热水均匀地冲泡咖啡粉进行焖蒸，水量为 50 g，时间为 28 s。再分两段注水冲煮，采用顺时针绕圈细水流注水，第一段注水量至 220 g，自然滴滤，110 s 时进行第二段注水，顺时针绕圈流注，水量至 350 g，140 s 时终止萃取，完成冲泡。

（3）咖啡液量为 300 g。

5. 咖啡浓度和萃取率分析

（1）用咖啡浓度测试仪测量得咖啡浓度为 1.65%。

（2）通过计算萃取率为 [（1.65% × 300）÷ 25] × 100% =19.8%。

6. 品尝分析

香气充足，有杏仁、热带水果和巧克力的风味，中偏强的度酸，浓苦，甜度低，口感浓厚，但稍微有点涩。

7. 萃取调整

咖啡浓度偏高，萃取率适中，影响咖啡浓度的主要因素是粉水比例，粉量不变仍然为 25 g，调整粉水比例，如调整为 1∶15 进行冲煮实验，若还不适口，再根据实际情况调整。

四、注意事项

1. 通过品尝、观察咖啡液的颜色和测试浓度等方式来观察判断萃取效果是否达到预期，如果萃取不合适，需要继续调整参数，直到达到理想的萃取效果。

2. 冲煮所用的咖啡粉在萃取结束后会吸收一定量的水，计算粉水比例是采用粉量和注入咖啡粉的水量，不是以实际萃取的咖啡液重计算。咖啡液重以当次萃取称量数据为准，因为咖啡粉的吸水量与咖啡粉的烘焙度、研磨粗细度等有一定关系。

任务 3　意式浓缩咖啡浓度和萃取率调整

知识准备

一、意式浓缩咖啡感官评估要素

意式浓缩咖啡感官评估要素包括视觉特征、嗅觉特征、味觉特征和触觉特征等方面，需要视觉、嗅觉、味觉和触觉感官互动品鉴。在实际制作过程中，影响意式浓缩咖啡出品的因素比较多，往往很难一次就制作出标准好喝的咖啡。需要根据感官评估要素品评后，有针对性地调整相应的参数及制作技术，不断完善萃取条件，进而得到优质的意式浓缩咖啡。

1. 意式浓缩咖啡萃取状态及风味表现

当萃取条件和萃取方法不一样时，意式浓缩咖啡的萃取状态和风味表现会有很大的差异，分为标准萃取、萃取不足和过度萃取三种。

（1）标准萃取。理想的意式浓缩咖啡萃取率为18%~22%，咖啡粉中的油脂和可溶性滋味物质能有效地释放到水中，呈杯表现为油脂颜色均匀且有一定的厚度，能够充分覆盖下层的咖啡液，香气浓郁，滋味平衡，口感顺滑醇厚，如图8-2-2所示。萃取时间、萃取压力、研磨度、萃取量都在合理的范围内。

（2）萃取不足。萃取不足的现象主要是咖啡粉中溶解出的可溶性成分较少，萃取率低于18%。萃取时表现为咖啡液萃取量比较多，油脂颜色淡、厚度薄且不能覆盖底部的黑色咖啡液，如图8-2-3所示，香气成分少，闻起来很弱，滋味比较单一，口感偏水，不浓厚。主要原因是粉量过少、萃取时间过短、萃取压力过大、咖啡粉研磨度太粗、填压不紧实等。

（3）过度萃取。过度萃取是指水中溶解出过多的可溶性成分，萃取率高于22%，萃取出的咖啡液量比较少，油脂较厚没有质感、颜色深且不均匀，如图8-2-4所示，会有焦炭气味，整体口感会比较苦涩，余韵持久伴有烟熏等不愉悦气味。主要原因有填粉量过多、咖啡粉研磨度过细、萃取时间过长、萃取压力过小、填压压力过重。

图8-2-2 标准萃取

图8-2-3 萃取不足

图8-2-4 过度萃取

2. 咖啡浓度和萃取率调整方法

（1）确认咖啡烘焙程度。可以根据烘焙程度判断接下来萃取要采取的研磨度、水温等。一般来说，烘焙程度越深，研磨度越粗，水温越低。

（2）确定萃取参数。确定萃取过程中使用的参数，如研磨度、水温、粉水比、粉量等。这些参数对萃取率的影响较大，需要根据具体情况进行调整。

（3）调整粉量。对于意式浓缩咖啡萃取来说，因为咖啡手柄的粉碗容积是固定的，所以要根据粉碗大小（单份或者双份）确定粉量。

（4）调整研磨度。咖啡研磨粗细度会影响咖啡粉与水的接触面积，从而影响可溶性物质的溶解度。萃取率低时，可将研磨度调细，增加咖啡粉与水的接触面积，提高可溶性物质萃取率；萃取率高时，可将研磨度调粗，减少咖啡粉与水的接触面积，降低可溶性物质萃取率。

（5）调整萃取水温。萃取水温过高可能导致咖啡口感苦涩，水温过低则可能导致咖啡口感酸涩。因此，需要根据具体情况调整水温，一般建议水温为 90~95 ℃。

（6）调整萃取时间。萃取时间过长可能导致咖啡口感厚重苦涩，萃取时间过短则可能导致风味单一，咖啡口感轻薄。因此，需要根据具体情况调整萃取时间，萃取时间应为 20~30 s。

（7）调整粉水比。粉水比决定了意式浓缩咖啡的浓度，也是影响萃取率的重要因素。一般来说，粉水比越低，咖啡浓度越高，萃取率也会相对偏高；粉水比越高，咖啡浓度越低，萃取率也会相对偏低。可以根据口感偏好和实际情况调整粉水比。

（8）测试萃取效果。调整参数后，通过品尝、观察咖啡液颜色、质地和测试浓度等方式判断萃取效果是否达到预期，如果萃取不合适，需要继续调整参数，直到达到理想的萃取效果。

二、影响意式浓缩咖啡萃取的参数

意式浓缩咖啡的品质除了与咖啡豆原料本身质量有关外，还与萃取浓度和萃取率有关，这两个指标与萃取过程的参数及技术密切相关。影响意式浓缩咖啡萃取的参数主要有烘焙度、粉量、研磨度、萃取水温、填压力度和萃取压力等，在调整咖啡浓度和萃取率时主要也是围绕这些参数进行。

1. 烘焙度

咖啡豆烘焙度是决定意式咖啡萃取的核心要素，是调整萃取参数时应该最先考虑的部分，虽然烘焙度和其他萃取参数之间存在着某种程度的联系，但似乎也并没有定性定量的准确答案。所以，要在掌握所要使用咖啡豆的主要特征之后，寻找最能萃取出咖啡风味的具体参数数值范围。通常，烘焙度越深，咖啡豆内部水分挥发得越多，体积膨胀程度越大，质地疏松，如果将深度烘焙的意式浓缩咖啡豆研磨得较细，冲煮时粉层密实，热水通过咖啡粉的速度比较慢，就容易导致过度萃取，使得咖啡焦苦，这种情况下要将研磨度适当调粗些，扩大粉粒之间的间隙，将咖啡粉装入冲煮粉碗时，其体积可能会变大，但萃取时间会相对缩短。

相反，烘焙度较浅的咖啡豆体积膨胀程度较小，咖啡豆内部质地比较坚硬，热水通过咖啡粉时速度较快，无法充分萃取咖啡粉里的可溶性成分，咖啡萃取液浓度低且酸味突出。所以，应将浅度烘焙的咖啡豆研磨得更细一些，增大粉水接触面积，以便充分地萃取咖啡里的风味成分。

2. 粉量

萃取单份意式浓缩咖啡需要 7～8 g 咖啡粉，用单柄制作；萃取双份意式浓缩咖啡需用 18～20 g 咖啡粉，用双柄制作。这些数值通常作为理论参考值，在实际制作时，最终所需粉量应根据烘焙度、研磨度进行适当调整。

3. 研磨度

意式浓缩咖啡的呈杯风味是由各种萃取因素综合决定的，最适合萃取意式浓缩咖啡的研磨度是极细研磨，但在这个"极细研磨"的范围内，研磨粗细度的细微差异会使得风味变化较大，在众多影响咖啡萃取的因素中，研磨度影响比较大。意式浓缩咖啡是在 20～30 s 内萃取 30 mL 左右的咖啡液。与之相比，如果在 10～15 s 内萃取了 30 mL 咖啡液，那么萃取时间短，萃取速度较快，需要将研磨度调细，或者增加粉量。相反，如果用 40～45 s 萃取 30 mL 咖啡液，那么萃取时间长，萃取速度较慢，需要将研磨度调粗，或者减少粉量。调整研磨机的刻度调节把手时，逐步小范围微调，每次调 1～5 个分刻度即可，在调整过程中可能需要 2～3 次萃取尝试，才能达到目标。

4. 萃取水温

萃取水温是指萃取咖啡时的温度，半自动咖啡机萃取意式浓缩咖啡的水温温度范围要在 90～95 ℃。不同的萃取温度萃取同一种咖啡熟豆会出现不一样的风味，如果想萃取出相对浓厚且苦味重的咖啡液，可将温度设定稍高些，相反，如果想萃取出相对清爽且苦味低的咖啡液，应将温度适当调低。当然，如果温度低于 85 ℃，通常会萃取不足，最终导致风味很弱；若超过 95 ℃，会导致过度萃取，使咖啡风味焦苦。半自动咖啡机的水温通常不会大范围的调整，若需要微调，在萃取咖啡之前放出一部分水即可。

5. 填压力度

填压力度会影响咖啡萃取的速度，在其他参数不变时，填压力度越大，粉碗里的粉层越紧实，水穿过咖啡粉层的难度越大，流速就越慢；填压力度越小，粉碗里的粉层越松散，流速就越快。

6. 萃取压力

半自动咖啡机的压力是 7～9 bar，压力过小会导致萃取不足，压力过大会导致过度萃取。对于半自动咖啡机而言，萃取压力就像温度一样，不会经常调整，通常以一次性定好的数值为基准。使用一段时间后，出现较大变化时，需要进行校准。

一、操作准备

1. 设备与器具

（1）设备。半自动咖啡机 1 台、自动定量意式咖啡研磨机 1 台。

（2）器具。计算器 1 个、咖啡浓度测试仪 1 台、咖啡粉碗 1 只、纸巾若干、酒精若干、棉签若干。

（3）杯具。意式浓缩咖啡杯 3 个、水杯 3 个。

（4）称量工具。电子秤 1 台。

2. 物料

意式咖啡豆 100 g。

3. 清洁工具

口布 1 块、清洁布 2 块、湿毛巾 1 块、研磨机清洁刷 1 把。（可根据具体情况调整。）

二、操作步骤

以"粉量"对意式浓缩咖啡萃取的影响为例，在其他参数不变时探究变量"粉量"对意式浓缩咖啡萃取的影响。分别以"15 g""20 g""22 g"三组不同的粉量萃取意式浓缩咖啡，其他萃取参数统一为：咖啡熟豆：烘焙色度值为 50；双份手柄：双份冲煮粉碗；萃取水温：93 ℃；研磨度：极细研磨度（同一刻度）；萃取压力：9 bar；填压力度：一致的填压力度和填压手法；萃取时间：30 s。

1. 制作意式浓缩咖啡

（1）使用 15 g 咖啡粉制作意式浓缩咖啡，制作方法同"模块 3 课程 3 任务 1 半自动咖啡机制作咖啡"。

（2）使用 20 g 咖啡粉制作意式浓缩咖啡，制作方法同"模块 3 课程 3 任务 1 半自动咖啡机制作咖啡"。

（3）使用22 g咖啡粉制作意式浓缩咖啡，制作方法同"模块3课程3任务1半自动咖啡机制作咖啡"。

2. 萃取分析

将所制作出的三杯咖啡的萃取量、浓度、萃取率和感官进行测量分析，结果见表8-2-2。

表8-2-2 不同粉量对咖啡萃取结果影响的分析

粉量	意式浓缩咖啡萃取结果
15 g	萃取量：50 g TDS：5.07% 萃取率：16.9% 视觉：油脂较薄，表面部分地方有破洞，金黄色，持久性差 风味：坚果、奶油、黑巧克力风味 味觉：中低强度的果酸，微甜，微苦 触觉：偏水感，余韵伴有黑巧克力和奶油香气，但不持久
20 g	萃取量：50 g TDS：8.01% 萃取率：20.03% 视觉：油脂细腻均匀无破洞（约4 mm），金黄色，持久性好 风味：坚果、奶油、黑巧克力风味 味觉：明亮的果酸，清甜，微苦，酸甜苦平衡 触觉：浓稠感，牛奶般顺滑，余韵伴有黑巧克力和奶油香气且持久
22 g	萃取量：50 g TDS：10.28% 萃取率：23.37% 视觉：油脂无破洞，有一定厚度但颜色不均匀 风味：浓郁的坚果和黑巧克力风味 味觉：较强的果酸味，苦味持久，低甜 触觉：浓稠感，伴有涩感，余韵伴有黑巧克力和烟熏味且持久

3. 萃取参数调整

通过以上分析，可以发现，当萃取条件不变时：粉量为15 g时，浓度和萃取率比较低，风味弱，口感偏水，应增加粉量；粉量为22 g时，浓度和萃取率比较高，风味中有焦苦味和涩感，应适当减少粉量。

三、注意事项

在进行意式浓缩咖啡的萃取率和浓度分析及调整中，充分理解影响意式浓缩咖啡萃取的影响因素，通过反复的萃取实验及品鉴分析来提高意式浓缩咖啡出品品质，并将咖啡的萃取率控制在 18% ~ 22%，浓度（TDS）控制在 8% ~ 12%，结合视觉、风味、味觉、触觉等几项感官指标分析。

实验思路是"咖啡萃取—感官评估分析—测定浓度和萃取率—分析不足—调整萃取变量参数—再萃取—再评估"，按这样的流程反复测试，优化每种咖啡熟豆的最佳风味萃取方案。

模块 9 咖啡品鉴

课程 1 感官辨识

咖啡品鉴是综合运用嗅觉、味觉、触觉感受辨识和判断咖啡风味的一种鉴定方法。

任务 1 咖啡香气辨识

咖啡气味识别主要靠嗅觉，人的嗅觉主要由鼻腔中的嗅上皮细胞感知，能够识别数千种不同的气味。嗅觉与记忆和情感密切相关，能够引起强烈的情感反应和回忆。

一、咖啡的嗅觉感受

咖啡香气感受途径分为鼻前嗅觉和鼻后嗅觉。

鼻前嗅觉是指直接吸气入鼻腔，可嗅出体外世界的气味。鼻前嗅觉分辨咖啡研磨成粉后散发出的干香及注水后的湿香，挥发性最强的芳香物质在研磨时先释放，如酸香、花香、柑橘香、草本香等；随后是挥发性次之的芳香物质释放，如焦糖香、巧克力香、奶油香、谷物香等；挥发性最差的芳香物最后释放，如辛香、树脂、杉木、焦味等。

鼻后嗅觉是指呼气出鼻腔，感受体内口腔饮食的气味。饮食入口后，经唾液消化，藏在油脂里的气化分子释出，经过口腔后面的鼻咽管道，逆向进鼻腔。

由于气化物在口腔中释放出来,很容易被误认为是舌头尝到的味道。烘焙后的咖啡熟豆里含有丰富的挥发性化合物,从研磨一直到品饮,咖啡总体的气味评价由干香、湿香、鼻香和后味四个部分构成。

干香是指咖啡熟豆研磨成粉时在室温下所散发出来的香气,由鼻前嗅觉感知;湿香是指咖啡粉与热水接触时所散发出的气化物,由鼻前嗅觉感知;鼻香是品尝咖啡时产生的咖啡气化物,由鼻后嗅觉感知;后味主要是指咖啡吞下或吐掉后感受到的口鼻留香。当咖啡吞下时,喉咙里的气化物会返回鼻腔被舌腭所感知,后味的气味强度比干香、湿香和鼻香都要弱。

二、咖啡的香气类型及气味训练

1. 咖啡香气分类

辨别咖啡的香气类型是高级咖啡师必须掌握的技能。咖啡的香气分类有很多种,主要归纳为以下几类。

(1)果香类。这是一种清新、明亮的香气。咖啡中含有一些果香类化合物,如柠檬酸、苹果酸等,烘焙后会产生柑橘、草莓、蓝莓等芳香气味,通常出现在浅度烘焙的咖啡熟豆中。

(2)花香类。这是一种柔和、细腻的香气。咖啡中含有一些花香类化合物,如苯乙醇、香叶醇等,能产生犹如茉莉花、玫瑰花的气味,常出现在中度烘焙和浅度烘焙的咖啡熟豆中。

(3)坚果类。这是一种浓郁、醇厚的香气。咖啡烘焙过程中会产生一些坚果香类化合物,如吡嗪类、吡啶类等,出现如杏仁、巧克力、坚果等气味,通常出现在深度烘焙的咖啡熟豆中。

(4)焦糖类。这是一种甜美的香气。咖啡烘焙过程中会产生一些焦糖香类化合物,如呋喃类、醛类等,出现像糖蜜、太妃糖等风味,能够给人带来甜美的感觉,通常出现在深度烘焙的咖啡熟豆中。

(5)香料类。这是一种辛辣、刺激的香气,通常与香料有关,如肉桂、丁香、姜等,通常出现在深度烘焙的咖啡熟豆中。

(6)异味。咖啡在种植、初加工、贮藏和烘焙等各个加工环节,会因为处理不当,带入各种不愉悦的气味,如土腥味、霉味等。

2. 咖啡香气辨识及描述训练

咖啡熟豆中有 1 000 多种香气,而人类实际能闻到的气味大约是 100 种。为了丰富咖啡师的香气描述词汇量、提高对咖啡气味的识别和记忆能力、准确地描述和评价咖啡气味,可用咖啡闻香瓶进行训练。咖啡闻香瓶是一种专业的感官训练工具,对香气进行系统性归类,以调和的化学物质呈现不同气味。常用的咖啡闻香瓶是36味法国闻香瓶(Le Nez du Cafe),也称为咖啡鼻子,如图9-1-1所示。36味共分为四大组,美拉德反应组(酶促化)、焦糖化组、干馏化组及异味组,36味名称及分组见表9-1-1。

图9-1-1　36味法国闻香瓶

表9-1-1　36味名称及分组

编号	名称	组别	特点
1	泥土	异味	雨后泥土散发的气味
2	土豆	酶促化	生土豆剥皮后散发的气味
3	青豆	酶促化	新鲜剥壳青豌豆和豆荚散发的气味
4	黄瓜	酶促化	新鲜采摘黄瓜散发的气味,有凉爽感
5	稻草	异味	稻谷收获之后,茎秆留在田里散发的气味
6	杉木	干馏化	有生命的新鲜树木切开或自然散发出的清新愉悦的气味
7	丁香	干馏化	丁香、药柜等调料散发出的愉悦又复杂的香味
8	胡椒	干馏化	带有辛辣感的气味
9	香菜籽	干馏化	干香菜籽散发的气味
10	香草	焦糖化	温和的、舒服的、略带黄油的气味
11	红醋栗	酶促化	黑醋栗树丛和木叶散发出的气味
12	咖啡花	酶促化	新鲜咖啡树的白色咖啡花散发的气味
13	咖啡果肉	异味	咖啡鲜果皮脱果肉时散发的气味,有轻微酸腐味
14	黑醋栗	干馏化	大马士革玫瑰花散发的香味
15	柠檬	酶促化	新鲜柠檬皮散发的舒爽且让人清醒的香味
16	杏子	酶促化	新鲜杏子和杏子果酱散发的浓郁纯粹的香味

续表

编号	名称	组别	特点
17	苹果	酶促化	刚削皮之后的苹果散发的果香气味
18	黄油	焦糖化	温和带有奶油味和牛奶的气味
19	甜蜜	酶促化	类似野生花蜜的香味,纯净,清爽
20	皮革	异味	强烈的动物皮气味
21	印度香米	异味	像是煮熟的大米香气
22	吐司	焦糖化	烤面包中麦麸的强烈气味
23	麦芽	干馏化	烘烤麦芽的气味,有点类似啤酒
24	枫糖浆	干馏化	柔和类似红糖和枫糖浆的气味
25	焦糖	焦糖化	蔗糖熬煮后的气味
26	黑巧克力	焦糖化	磨碎后的巧克力和糖混在一起的香气
27	烤杏仁	焦糖化	类似于桃仁的气味
28	烤花生	焦糖化	接近花生油丰富且精致的微妙香味
29	烤榛子	干馏化	烤榛子的芳香,伴有黄油般的气味
30	核桃	干馏化	干核桃或者新鲜压榨核桃油特有的气味
31	熟牛肉	异味	丰富能极大引发食欲的熟牛肉和烤家禽皮的气味
32	烟熏	异味	木头、树脂在燃烧时释放的气味或者烟熏食物的气味
33	烟丝	干馏化	烟叶或干叶子燃烧的气味
34	烘焙咖啡	干馏化	新鲜烘焙咖啡时散发出的诱人香味
35	药味	异味	夹杂着烟味和化学物质的气味
36	橡胶	异味	强烈的橡胶气味,在罗巴斯塔咖啡中经常会出现

一、操作准备

1. 设备与器具

(1)设备。咖啡研磨机 1 台。

(2)器具。记录表 1 本、笔 1 支。

(3)杯具。咖啡杯测碗(200 mL)3 个、杯测勺 2 把、水杯若干。

(4)称量工具。电子秤 1 台。

2. 物料

日晒处理、水洗处理、蜜处理咖啡熟豆各 20 g。

3. 清洁工具

口布 1 块、清洁布 2 块、湿毛巾 1 块、研磨机清洁刷 1 把。（可根据具体情况调整。）

二、操作步骤

1. 称量咖啡豆

分别在三个咖啡杯测碗上标注日晒处理、水洗处理、蜜处理，并将三种处理法的咖啡熟豆各称量 11 g 放入对应的咖啡杯测碗里。

2. 研磨咖啡豆

采用中度研磨，完成三种咖啡样品的研磨。

3. 香气辨识

（1）干香的辨识。将三杯咖啡放在指定位置，俯身嗅闻咖啡的香气，如图 9-1-2 所示，在嗅闻过程中，不要移动杯测碗的位置，仔细辨别三种咖啡豆的干香，并进行香气描述记录。咖啡豆研磨成粉后，香气挥发很快，建议在 15 min 内完成干香嗅闻鉴别。

图 9-1-2　闻干香

（2）湿香的辨识

1）注水。干香辨识结束后，在 11 g 咖啡粉里注入 92～94 ℃的热水 200 g，每一杯咖啡粉一次性完成注水。

2）嗅闻。在完成注水后即可俯身嗅闻湿香，如图 9-1-3 所示，浸泡 4 min 后用咖啡勺轻轻拨开浮于杯子上层的粉渣，嗅闻拨开粉渣时的湿香，如图 9-1-4 所示。在拨开咖啡粉渣的瞬间，掩藏在粉渣里的香扑鼻而来，此时是捕捉咖啡湿香的关键环节。随着咖啡液温度下降，湿香会挥发，逐渐减弱，建议在注水浸泡 4 min 内完成。拨开每杯咖啡粉渣后，一定要将咖啡勺清洗干净，控干水分，再去拨开另一杯，避免互相污染串味。

图9-1-3 闻湿香

图9-1-4 拨开粉渣

（3）鼻香的辨识。湿香嗅闻结束，用咖啡勺捞出表面的咖啡浮沫，待温度降至60 ℃左右时进行啜吸品尝，咖啡入口后，闭口回气，气味由鼻咽进入鼻腔，感知气味。

（4）后味的辨识。吞下咖啡后嚼几下感受口鼻留香的余韵。

三、注意事项

借助咖啡闻香瓶加强咖啡嗅觉灵敏度训练，能快速集中记忆和区分不同的香气，积累气味描述词语。每天坚持训练半小时左右，持续一个星期左右。然后进行盲测，盲测方法是将36个闻香瓶的瓶身用胶带纸蒙住编号及颜色，并对蒙住后的闻香瓶进行重新编号，全部编出序号后，逐一打开闻香瓶进行嗅闻，记录能正确识别的气味。若错误率比较高，继续加强训练。

任务2 咖啡味道辨识

咖啡的滋味靠人的味觉来感知。味感受器是舌头上分布的味蕾，舌头的不同区域对味道的敏感度不同，舌尖对甜味敏感，舌根对苦味敏感，舌两侧对酸味和咸味敏感。

一、咖啡的味觉感受

辨别咖啡酸、甜、苦、咸的器官主要是味觉。味觉是通过感受咖啡酸、甜、苦、咸这四种味道相互作用、相互影响的结果。味觉会因咖啡浓度的不同而产生主要味觉感受和次要味觉感受。

主要味觉感受是对相似味道的概括性感受，如酸甜、苦咸等感觉；次要味觉感受是对主要味觉感受进一步细化后的感受。例如，咖啡入口时品尝到咖啡里的酸甜感（主要味觉感受），大脑分析之后捕捉到酸甜、清甜、甜蜜、甜润、甜爽、甜醇、甜香等次要味觉感受。咖啡的味觉感受描述见表9-1-2。

表9-1-2　咖啡的味觉感受描述

主要味觉感受	次要味觉感受	综合味觉的具体描述
酸甜	酸爽至甜爽	甜味：水果甜、焦糖甜、香草甜、枫糖甜、巧克力甜、麦芽糖甜 酸味：果酸、酒石酸、柠檬酸、苹果酸、乳酸、醋酸、酸涩、尖酸 苦味：微苦、甘苦、苦香、涩苦、酸苦、焦苦、杂苦 咸味：微咸、酸咸、咸涩 醇厚度：黄油、奶油、浓重、清淡、丝滑、厚重、稀薄、稀释 余韵：回甘、持久、短暂、干涸、苦涩、杂味
甘醇	蜜柔至微甜	
酒味	果酸至酸涩	
清淡	柔和至温和	
辛辣	干涩至咸涩	
酸咸	酸刺至辛刺	

二、咖啡滋味的产生及味觉敏感度训练

任何一杯未经调味的黑咖啡，浅尝一口，就能感受到酸、甜、苦、咸等滋味。优质的酸味和甜味是精品咖啡的必备成分，苦味能增加咖啡味道的层次感，咸味一般是负面成分。

1. 咖啡滋味的产生

（1）酸味。酸味主要来源于水溶性的绿原酸、奎宁酸、柠檬酸、苹果酸、葡萄酸（酒石酸）、醋酸等有机酸和无机磷酸。酸味与咖啡的烘焙度有关，随着烘焙度的加深，酸度会越来越低。优质的咖啡果酸入口生津，适宜的酸度可增加咖啡的明亮度，过酸会变成尖酸或死酸。采摘未成熟的果实，在咖啡液里会体现出死酸；在水洗加工过程中，如果发酵时间过久，容易带有发酵酸（醋酸）；如果烘焙不当，冲泡出来的咖啡液会有尖酸。

（2）苦味。咖啡中的苦味主要来自咖啡因、绿原酸降解物和烘焙不当所产生的碳化成分等。咖啡因呈现为顺口的苦，在口腔里消散很快，不会"挂脖子"，绿原酸降解物和烘焙不当所产生的碳化成分呈现为碍口的苦味在口腔里持续时间比较长。

（3）甜味。咖啡中的甜味是指毫无瑕疵令人愉悦的圆润感，是新鲜成熟水果的酸甜韵。咖啡甜味与果实成熟度有直接的关系，半红半绿的果实及未成熟的果实酸类物质含量高，会有草腥味、尖酸与涩感。当然，咖啡里的甜味要充分展示出来，影响因素是极为复杂的，不仅与鲜果质量、烘焙质量和冲煮技术密切相关，还会与其他成分相克或相乘，若酸涩味、苦味或咸味重，就会抑制

甜味的表现。

（4）咸味。咸味来自所含的矿物质，如溴化物及钠、镁、钙等无机物。咸味在咖啡里是负面滋味，但很多人喝不出咖啡的咸味，因为四味会相互牵制。四味之中的一味过于突出，会抵制或加强其他滋味。例如，咸味浓度高，遇到酸性物质，会放大涩感；微咸与甜味综合，则咸味被抑制，口感变成温和顺口。

2. 味觉训练

在进行咖啡滋味辨别前，可以使用一些甜味食物、酸味食物及苦味食物进行味觉敏感度强化训练。

（1）甜味。可以用蔗糖配制不同浓度梯度的味液，通过品尝训练甜味强弱识别能力。选择不同类型的糖，如蔗糖、黄糖、红糖等辨别不同类型的甜味。

（2）酸味。可以用柠檬酸配制不同浓度梯度的味液，通过品尝训练酸味强弱识别能力。选择不同类型的食品级酸，如醋酸、磷酸、苹果酸等辨别不同类型的酸味。也可采购酸性的水果进行品尝以强化训练不同类型的酸味，如柑橘、柠檬、芒果、葡萄、草莓、西梅、李、桃子、杏子等。

（3）苦味。可以使用食品级的盐酸奎宁配制不同浓度梯度的味液，通过品尝训练苦味强弱识别能力。选择含有可可的黑巧克力、苦瓜汁等进行不同苦味的辨别训练。

一、操作准备

1. 设备与器具

（1）设备。咖啡研磨机 1 台。

（2）器具。记录表 1 本、笔 1 支。

（3）杯具。咖啡杯测碗（200 mL）3 个、杯测勺 2 把、水杯若干。

（4）称量工具。电子秤 1 台。

2. 物料

日晒处理、水洗处理、蜜处理咖啡熟豆各 20 g。

3. 清洁工具

口布 1 块、清洁布 2 块、湿毛巾 1 块、研磨机清洁刷 1 把。（可根据具体情况调整。）

二、操作步骤

1. 称量咖啡豆

分别在三个咖啡杯测碗上标注日晒处理、水洗处理、蜜处理,并将三种咖啡豆各称量 11 g 放入对应标注的咖啡杯测碗。

2. 研磨咖啡豆

采用中度研磨,完成三种咖啡样品的研磨。

3. 注水浸泡

在研磨好的 11 g 咖啡粉里注入 92～94 ℃ 的热水 200 g,每一杯咖啡粉都一次性完成注水。

4. 捞渣

浸泡时间 4 min 后可用杯测勺轻轻拨开浮于杯子上层的粉渣,再用两把杯测勺把表面的咖啡渣捞出来,如图 9-1-5 所示,使得表面浮沫全部清除,如图 9-1-6 所示。

图 9-1-5　捞渣

图 9-1-6　清除浮沫

5. 品尝与记录

再用杯测勺将每种液体样品分装在样品杯里,逐一进行品尝,仔细辨别酸、甜、苦等滋味差异,并进行记录。

三、注意事项

为了保持味觉的灵敏度,日常可有针对性地进行训练。选择一些呈酸、甜、苦和咸的食物,品尝后仔细感受它们的味道,尽可能描述所感受到的一切味道,并做好记录。每天用不同的食物进行练习,持续 10 天以后,看看自己的味觉敏锐度是否有所提高。

任务 3　口腔触觉辨识

咖啡口感主要靠人的口腔触觉辨识。口腔触觉主要由舌头、口腔黏膜和牙齿等部位感知，能够感受食物的口感、质地、温度和形状等。

一、咖啡的触觉感受

萃取后的咖啡液中含有少量的不可溶性固体物质，主要是咖啡油脂和细小的咖啡粉悬浮物。当咖啡液中的咖啡油脂与不溶于水的固体物质相结合时，可形成胶质体，是咖啡口感的重要组成部分，可增加咖啡的重量感，提升顺滑感。

咖啡的口感，即顺滑感和粗糙感，是指咖啡液在口腔里所营造的一种触感，是质感和重量感的综合评价。顺滑感主要是油脂结合蛋白质、纤维质等不溶于水的微小悬浮物，形成胶质体后营造出的口感，胶质体含量高，口中的黏稠感强，就越顺滑。粗糙感主要指涩感，涩是口腔黏膜蛋白质被凝固引起收敛而产生的一种痛感，来自生豆所含的绿原酸在烘焙后降解为二咖啡酰奎宁酸。咖啡中出现涩感是不好的感官体验，一般引起涩感的原因主要有以下几个方面：生豆品质差，采摘不成熟的果实、病果及烂果；不均匀或不恰当的烘焙，比如烘焙太浅，大火快速烘焙，豆表烤焦，豆心不熟等；冲煮不当，比如高温长时间萃取。

重量感表征咖啡液中含有可溶性成分的比重，描述语言从重到轻包括厚重的、中等的、轻的、单薄的、水感等。质感表征咖啡液中含有可溶性成分的质量，描述词有细腻的、顺滑的、黏稠的、圆润的、柔和的、清爽的、粗糙的、粉末感、干涩的等。

咖啡的口感会受到多种因素的影响，如咖啡豆的品种、处理方式、烘焙度、冲泡方法等。一般来说，同一种咖啡豆，烘焙程度越深，咖啡醇厚度越好，但同时破坏咖啡的酸度和香气，冲泡方法也会对咖啡的口感产生影响。同一品种相同产区的咖啡豆中，采用日晒处理法的咖啡豆比水洗处理法的咖啡豆口感更为厚重。不同的冲煮方式也会带来截然不同的口感差异。比如手冲咖啡用滤纸过滤，虹吸咖啡用滤布过滤，后者能过滤出更多的油脂和微小悬浮物，所以虹吸咖啡比手冲咖啡口感更厚重。又比如意式浓缩咖啡，采用加压快速萃取，咖啡浓度较高，萃取出比较多的咖啡油脂，口感黏稠厚实，比一般的器具制作出的咖啡要厚实很多。

二、咖啡口感辨别训练

咖啡口感的辨别训练可以从顺滑感与粗糙感、顺滑感强烈程度等角度开展。如体验顺滑感强烈程度可以选用不同浓度的牛奶进行比较；顺滑感与涩感比较，可以选用新鲜橄榄汁和奶油进行比较训练。

一、操作准备

1. 设备与器具

（1）设备。咖啡研磨机 1 台。

（2）器具。记录表 1 本、笔 1 支。

（3）杯具。咖啡杯测碗（200 mL）3 个、杯测勺 2 把、水杯 1 个。

（4）称量工具。电子秤 1 台。

2. 物料

浅度烘焙、中度烘焙、深度烘焙咖啡熟豆各 30 g。

3. 清洁工具

口布 1 块、清洁布 2 块、湿毛巾 1 块、研磨机清洁刷 1 把。（可根据实际情况调整。）

二、操作步骤

1. 称量咖啡豆

分别在三个咖啡杯测碗上标注浅度烘焙、中度烘焙、深度烘焙，并将三种咖啡豆各称量 11 g 放入对应标注的咖啡杯测碗。

2. 研磨咖啡豆

按照咖啡研磨机的使用步骤及要求，采用中度研磨，完成三种咖啡样品的研磨。

3. 注水浸泡

在研磨好的 11 g 咖啡粉里注入 92～94 ℃的热水 200 g，每一杯咖啡粉都一次性完成注水。

4. 捞渣

浸泡时间 4 min 后可用杯测勺轻轻拨开浮于杯子上层的粉渣，再用两把杯测勺把表面的咖啡渣捞出来。

5. 品尝与记录

用杯测勺将每种液体样品分装在样品杯里，逐一进行品尝，仔细区别辨认三种咖啡液的口感差异，并进行记录。

三、注意事项

1. 不同产区咖啡豆的醇厚度差别会很大，选用耶加雪菲、曼特宁、巴拿马瑰夏咖啡三种咖啡豆辨别口感差异。

2. 不同处理方式的咖啡豆口感差别会很大，对比分析日晒处理、水洗处理、蜜处理咖啡熟豆的口感差异。

3. 不同萃取方法会影响咖啡的口感，使用手冲壶、摩卡壶、爱乐压冲煮同一款咖啡熟豆，品尝比较它们之间的口感差异，并进行记录，了解不同萃取方式所带来的口感差异。

4. 品尝不同样品时，每品完一种样品，需注意用纯净水清洁口腔，再接着品尝另一种样品，以避免彼此间的风味干扰。

课程 2　感官运用

任务 1　三大产区咖啡豆感官品质分析

一、世界三大产区咖啡的特点

1. 非洲产区

非洲是公认的咖啡起源地，咖啡种植分布在不同国家和地区，如埃塞俄比亚、肯尼亚、卢旺达、坦桑尼亚、乌干达等。这些地区有独特的气候环境，主要种植阿拉比卡种，多采用传统种植方式，手工采摘，使用日晒或水洗处理等。这里生产的咖啡风味多样化，有独特的花果香和水果风味，果酸明亮且愉悦，中低醇厚度，比较受消费者喜爱。

2. 中南美洲产区

中南美洲是世界最大的咖啡种植区域，位于赤道附近，气候独特，海拔在500～2 500 m之间，平均温度为15～25 ℃之间，非常适合咖啡种植。巴西、巴拿马、危地马拉、哥伦比亚、秘鲁、厄瓜多尔等都是这个产区的主要生产国，其中巴西为全球咖啡产量最多的国家。中南美洲的咖啡整体柔和饱满、口感浓郁、酸度均衡，典型风味是坚果和可可等。而巴拿马种植的咖啡比较有特色，如瑰夏有独具特色的花香气和明亮酸质。

3. 亚洲产区

亚洲产区的咖啡种植区域跨多种气候与地形，不同地方所生产的咖啡风味差异比较大，典型风味特征是带有草本调性和香料的风味，醇厚度高，余韵悠长。主要有越南、中国、印度尼西亚、巴布亚新几内亚等国家种植。越南是世界最大的罗巴斯塔咖啡豆生产国，生产的咖啡有大麦、谷物和可可风味，苦味比较重。印度尼西亚受气候影响，具有独特的湿刨处理工艺，生产的咖啡醇厚度高，有明显的草本风味。

二、中国咖啡产区的特点

中国咖啡产区主要分布在云南省、海南省和台湾省，咖啡在外观、气味和口感方面有一些相似之处，也会因为品种和种植条件不同，其外观、气味和口感特征也会有所不同。云南省和台湾省种植阿拉比卡咖啡，咖啡豆外观相似，形状较为饱满，口感较为均衡，酸度适中，口感醇厚且柔和，带有坚果、巧克力和香料的味道，有时还会有一些水果的香气。海南主要种植罗巴斯塔咖啡，口感醇厚，带有大麦茶、巧克力和香料的味道。

云南省是中国最大的咖啡生产产区，西部和南部地处北纬15°至北回归线之间，大部分地区海拔为1 000～2 000 m，地形以山地、坡地为主，且起伏较大、土壤肥沃、日照充足、雨量丰富、昼夜温差大，这些独特的自然条件形成了云南咖啡浓而不苦、香而不烈、略带果味的风土特色。早在20世纪50年代，云南小粒种咖啡就在国际咖啡市场上大受欢迎，被评为咖啡中的上品。

1. 云南产区

云南部分地区处于北回归线种植地带，主要种植在普洱、临沧、保山、德宏、西双版纳、大理、怒江七个区域。云南咖啡入口柔顺，酸味活泼明亮，两颊生津，总体风味表现为坚果、杏仁、核桃、柠檬、橘子、焦糖、红糖和蜂蜜，酸度和甜度较好，醇厚均衡，余韵持久。

2. 海南产区

海南咖啡已有百年历史，是我国较早种植咖啡和加工咖啡的地区之一，主要种植罗巴斯塔和利比里亚咖啡，分布在兴隆、文昌、万宁、澄迈、琼中等地。海南咖啡总体表现为黑巧克力、核桃、焦糖、谷物风味，醇厚度高。

一、操作准备

1. 设备与器具

（1）设备。咖啡研磨机 1 台。

（2）器具。记录本 1 本、笔 1 支、烧水壶 1 个。

（3）杯具。200 mL 咖啡杯测碗 9 个、水杯 9 个、咖啡杯测勺 2 把。

（4）称量工具。电子秤 1 台。

2. 物料

第一组（亚洲产区）：中国云南、越南、印度咖啡各 30 g。

第二组（非洲产区）：西达摩、肯尼亚、埃塞俄比亚咖啡各 30 g。

第三组（中南美洲产区）：哥伦比亚、巴拿马、厄瓜多尔咖啡各 30 g。

以上咖啡豆均为水洗处理、采用中度烘焙。

3. 清洁工具

口布 1 块、清洁布 2 块、研磨机清洁刷 1 把。（可根据具体情况调整。）

二、操作步骤

以第一组亚洲产区咖啡豆风味辨别为例。

1. 称量咖啡豆

分别在三个咖啡杯测碗上标注云南、越南、印度，并将三种咖啡豆称量 11 g 放入对应标注的咖啡杯测碗。

2. 研磨咖啡豆

按照咖啡研磨机的使用步骤及要求，采用中度研磨，完成三种咖啡样品的研磨。

3. 干香的嗅闻辨别

将三杯咖啡放在指定位置，俯身嗅闻咖啡的香气，在嗅闻过程中，不要移动咖啡杯的位置，仔细辨别三个产区咖啡豆的干香，并进行香气描述记录。咖啡豆研磨成粉后，香气挥发很快，建议在 15 min 内完成嗅闻。

4. 湿香的嗅闻辨别

（1）注水。干香辨别结束后，在研磨好的 11 g 咖啡粉里注入 92～94 ℃ 的热水 200 g，每一杯咖啡粉都一次性完成注水。

（2）嗅闻。在完成注水后即可俯身嗅闻湿香，并进行湿香描述记录。

5. 捞渣

浸泡时间 4 min 后可用杯测勺轻轻拨开浮于杯子上层的粉渣，再用两把杯测勺把表面的咖啡渣捞出来。

6. 品尝与记录

用杯测勺将每种液体样品分装在样品杯里，逐一进行品尝，从酸度、风味、余韵、口感等方面仔细区别辨认亚洲产区三种咖啡的风味差异，并进行记录。

第二组非洲产区咖啡豆风味辨别和第三组中南美洲产区咖啡豆风味辨别的操作步骤同第一组。

三、注意事项

1. 除了上述实验中用到的咖啡豆以外，收集三大产区其他品类咖啡豆进行风味辨别训练。

2. 品尝不同样品时，每品完一种样品，需注意用纯净水清洁口腔，再接着品尝另一种样品，以避免风味彼此间的干扰。

任务 2　咖啡豆品鉴和采买

咖啡因为品种、种植环境、初加工处理方法等会有很大的区别，一方面是物理特性的差异，包括颗粒大小、瑕疵比例等；另一方面是感官风味的差别，包括风味、酸质、醇厚度、油脂含量等。这些特点是咖啡豆采购的重要依据。

咖啡师要熟悉咖啡豆品种、产区特点、加工处理方式、烘焙程度和烘焙豆储存对风味的影响，具备生豆质量分级和咖啡品鉴能力，准确评估咖啡豆的品质和适用性，能够依据品鉴结果提出采购建议。

一、咖啡豆的品种

可以根据品鉴结果，选择适合自己口味的咖啡豆品种。如果喜欢酸度较高且花果风味调性的，可以选择瑰夏品种；如果喜欢口感浓郁，平衡感好，有草本风味的，可以选卡蒂莫系列品种，性价比也比较高。

二、咖啡豆的产地

不同产地的咖啡豆具有不同的风味特点。可以根据品鉴结果，选择自己喜欢的产地的咖啡豆，例如非洲的咖啡豆通常具有浓郁的香气和酸度，而中南美洲的咖啡豆则具有丰富的口感和香气。

三、咖啡豆的烘焙程度

可以根据品鉴结果，选择适合自己口味的烘焙程度。如果喜欢口感清新、酸度较高的咖啡，可以选择浅度烘焙的咖啡豆；如果喜欢口感浓郁、苦味较重的咖啡，可以选择深度烘焙的咖啡豆。

四、咖啡豆的保存方式

咖啡豆需要保存在干燥、通风、避光的环境中，以保持其风味和品质。可以根据咖啡豆的保存方式，选择新鲜的咖啡豆。

五、咖啡产品的应用

可以根据品鉴结果，选择适合自己口味的咖啡产品。例如，如果喜欢口感浓郁、苦味较重的咖啡，可以选择意式浓缩咖啡；如果喜欢口感清新、酸度较高的咖啡，可以选择手冲咖啡或美式咖啡。

一、操作准备

1. 设备与器具

（1）设备。单品电动咖啡研磨机1台。

（2）器具。咖啡品鉴表1本，用于记录咖啡豆风味；记录工具1套，用于记录采购方案。

（3）杯具。咖啡杯、咖啡勺、水杯等若干。

（4）称量工具。电子秤1台。

2. 物料

咖啡豆样品，不同品种、不同产地和烘焙度的咖啡豆样品，用于品鉴和对比分析。

3. 清洁工具

研磨机清洁刷 1 把。

二、操作步骤

1. 确定顾客需求

确定需要购买的咖啡豆种类、产地、烘焙程度和数量等。

2. 挑选分析咖啡豆

（1）查看咖啡生豆质量。

（2）品尝咖啡豆的风味。

3. 不同咖啡豆的应用建议

根据咖啡豆的风味特性和价格，为顾客推荐不同咖啡豆的应用建议，如适合制作哪些类型的饮品或者哪种冲煮方法等。

4. 供应商推荐

推荐可靠的咖啡豆供应商，比较不同供应商所提供咖啡豆的价格和品质，选择性价比高的产品。

5. 采购咖啡豆的信息核查

核实咖啡豆的质量后，核查即将要采购产品的信息。

（1）产地信息。了解咖啡豆的产地和来源，查阅相关证书或信息，以确保咖啡豆有可追溯性和可信赖的产地履历。

（2）看咖啡包装。检查咖啡包装是否完好，有无明显破损或氧化。合格的咖啡包装应该能有效保护咖啡豆的新鲜度。

三、注意事项

1. 在采购咖啡豆时，要仔细查看产品信息和包装，确保购买到符合要求的咖啡豆。

2. 在咖啡品鉴和采购过程中，要严格按照操作规程和流程进行，确保结果的准确性和可信度。品鉴时，可以使用咖啡品鉴表格来记录评价结果，便于后续参考和比较。

3. 品尝不同样品时，每品完一个样品，应注意用纯净水清洁口腔，再接着品尝另一个样品，以避免彼此间风味的干扰。

模块 10 咖啡豆辨别

课程 1 咖啡生豆分级及瑕疵辨别

咖啡生豆品质受到种植、采收、加工、储存、脱皮、储运等环节的影响，任一环节出问题都会产生瑕疵豆，进而影响风味。咖啡从大类上可以分为商业咖啡和精品咖啡。

任务 1 咖啡生豆分级

知识准备

不同国家、地区、机构有各自的咖啡豆分级标准，但通常会考虑瑕疵率、咖啡豆粒径、豆表颜色、杯测评分以及产地等因素。

一、不同产区咖啡生豆分级方法

1. 云南咖啡生豆分级标准

按照云南省地方标准 DB53/T 149.7—2023《小粒种咖啡 第7部分：生豆分级》，云南省小粒种咖啡生豆根据其感官特性、理化特性分为六个等级：精品一级、精品二级、精品三级、商品一级、商品二级、商品三级。

（1）感官特性和物理指标分级。商品一级、商品二级、商品三级的外观和杯品特性应符合表 10-1-1 的要求，物理指标应符合表 10-1-2 的要求。云南省地方标准 DB53/T 149.8—2023《小粒种咖啡 第8部分：精品咖啡原料通用要求》明确提出，精品一级、精品二级、精品三级的外观和杯品特性应符合

表 10-1-3 的要求，物理指标应符合表 10-1-4 的要求。

表 10-1-1　商品咖啡豆外观和杯品特性

项目	要求		
	商品一级	商品二级	商品三级
感官特性	浅蓝色或浅绿色，气味清新，无异味，圆形或椭圆形		
杯品	香气浓郁，风味和口感较好	香气较强，风味和口感一般	香气较弱，风味和口感较差
	75 分≤评分＜80 分	70 分≤评分＜75 分	60 分≤评分＜70 分

表 10-1-2　商品咖啡豆物理指标

项目	要求		
	商品一级	商品二级	商品三级
粒度（mm）	≥5.60（≥14#筛）	≥5.60（≥14#筛）	≥4.75（≥12#筛）
缺陷豆（%）（质量分数）	≤6	≤8	≤12
外来杂质（%）（质量分数）	≤0.1	≤0.2	≤0.3
水分（%）	10.0～12.0		

注：粒径分析只适用于生豆，要达到相应的筛余不少于 90%。

表 10-1-3　精品咖啡豆外观和杯品特性

项目	要求		
	精品一级	精品二级	精品三级
感官特性	浅蓝色或浅绿色，气味清新，无异味，圆形或椭圆形		
杯品	香气浓郁，风味和口感极好	香气浓郁，风味和口感都很好	香气浓郁，风味和口感都好
	≥90 分	85 分≤评分＜90 分	80 分≤评分＜85 分

表 10-1-4　精品咖啡豆物理指标

项目	要求		
	精品一级	精品二级	精品三级
粒度（mm）	≥ 5.60（≥ 14# 筛，14# 筛以下不得超过 5%，相邻三个筛号占比 ≥ 95%）		
缺陷	总缺陷 ≤ 3	总缺陷 ≤ 4	总缺陷 ≤ 6
	严重缺陷 =0	严重缺陷 =0	严重缺陷 =0
	一般缺陷 ≤ 3	一般缺陷 ≤ 4	一般缺陷 ≤ 6
外来杂质	不含外来杂质		
水分（%）	10.0 ~ 12.0		

（2）外来杂质和缺陷豆分类。云南省地方标准 DB53/T 149.5—2023《小粒种咖啡　第 5 部分：缺陷豆和外来杂质的检验与测定》具体给出咖啡生豆外来杂质和缺陷豆的分类。

外来杂质指不是咖啡豆原有的物质，包括石子、枝条、土块、塑料颗粒、包装袋碎片等。按照对咖啡感官品质的影响程度，缺陷豆分为一般缺陷和严重缺陷，分类见表 10-1-5，外来杂质和各类缺陷豆的缺陷计分标准见表 10-1-6。

表 10-1-5　精品咖啡豆物理指标

分类	主要表现
一般缺陷	带种皮咖啡豆、种皮碎片、果壳碎片、畸形豆、咖啡豆碎粒、碎豆、轻微虫蛀豆、有虫咖啡豆、机损豆、琥珀豆、未成熟豆、斑疵豆、干瘪豆、海绵豆、白咖啡豆
严重缺陷	干果、严重虫蛀豆、黑咖啡豆和半黑豆、黑生豆、棕咖啡豆、蜡质豆、臭咖啡豆、霉豆及其他异味豆

表 10-1-6　缺陷计分标准

类型		名称	计分标准
外来杂质		石子、枝条、土块、塑料颗粒、包装袋碎片、绳线等物质	1 个异物 =1 个缺陷
缺陷豆	严重缺陷	干果、黑咖啡豆和半黑豆、黑生豆、棕咖啡豆、蜡质豆、臭咖啡豆、霉豆及其他异味豆	1 个豆 =1 个缺陷
		严重虫蛀豆	5 个豆 =1 个缺陷

续表

类型		名称	计分标准
缺陷豆	一般缺陷	带种皮咖啡豆、种皮碎片、果壳碎片、畸形豆、咖啡豆碎粒、碎豆、有虫咖啡豆、机损豆、琥珀豆、未成熟豆、斑疤豆、干瘪豆、海绵豆、白咖啡豆	5个豆=1个缺陷
		轻微虫蛀豆	10个豆=1个缺陷

2. 巴西咖啡生豆分级方法

巴西咖啡生豆主要依据瑕疵率、粒径大小和杯测质量进行分级。

（1）瑕疵率分级。采用 NY 分级法，根据瑕疵类型和瑕疵点数对咖啡豆进行评级，"NY"源于美国纽约咖啡生豆协会（Green Coffee Association of New York）。瑕疵类型见表 10-1-7。NY 分级法分为 8 个等级，随机抽取 300 g 咖啡生豆，按照瑕疵点数技术进行分级，例如，虫豆瑕疵计数是 1/5，表示 5 个生豆计 1 分（完整瑕疵），大木头瑕疵计数是 5，代表 1 个大木头或石头计 5 分（完整瑕疵）。等级和瑕疵点数见表 10-1-8。

表 10-1-7 瑕疵类型

内部缺陷		外部缺陷	
瑕疵豆名称	计数	瑕疵豆名称	计数
黑豆	1	干果	1
酸豆（含臭豆）	1	漂浮物	1/2
带壳豆	1/3	大木头或石头	5
发霉豆	1/5	中木头或石头	2
破碎豆	1/5	小木头或石头	1
虫豆	1/5	大果荚	1
异形豆	1/5	中果荚	1/3
		小果荚	1/5

表 10-1-8 等级和瑕疵点数

等级	瑕疵点数（个/300 g 生豆）
NY.1	0
NY.2	6

续表

等级	瑕疵点数（个/300 g 生豆）
NY.2/3	9
NY.3	13
NY.3/4	21
NY.4	30
NY.4/5	45
NY.5	60

（2）粒径大小分级。基于咖啡豆的尺寸，通常以 1/64 英寸为基准的网筛进行筛选，例如，14 目就是 14/64 英寸。网筛尺寸通常为 14～20 目，目数对应的生豆名称见表 10-1-9。实际生产中 19～20 目的咖啡豆很少，17～18 目占比较多。

表 10-1-9　目数对应的生豆名称

目数	名称
20	超大豆
19	特大豆
18	大豆
17	粗豆
16	正常豆
15	中等豆
14	小豆

（3）杯测质量分级。这种分级方法基于咖啡的杯测质量，对咖啡的风味和质量进行评价，分为 Fine Cup、Fine、Good Cup、Fair Cup、Poor Cup、Bad Cup 六个等级。

1）Fine Cup。这类咖啡具有细腻的口感和浓郁的风味，余味悠长且平衡度非常好，表示咖啡豆的品质非常出色。

2）Fine。这类咖啡口感细腻，风味浓郁，余味较长且平衡度较好，表示咖啡豆的品质很好。

3）Good Cup。这类咖啡口感和风味适中，余味适中且平衡度较好，表示咖啡豆的品质良好。

4）Fair Cup。这类咖啡口感和风味较弱，余味较短且平衡度较差，表示咖啡豆的品质一般。

5）Poor Cup。这类咖啡口感和风味较弱，余味很短或几乎没有，表示咖啡豆的品质较差。

6）Bad Cup。这类咖啡没有明显的口感和风味，余味很短或几乎没有，表示咖啡豆的品质非常差。

命名为"Brazil Santos NY.3 GC"的巴西咖啡豆表示是巴西圣多斯咖啡豆，按纽约分级法等级为3，风味质量为Good Cup。

3. 埃塞俄比亚咖啡生豆分级方法

埃塞俄比亚咖啡以咖啡生豆的物理特征与杯测风味特征的结合评分来分级。埃塞俄比亚商品交易所于2022年3月将埃塞俄比亚咖啡分为出口和非出口两种，出口咖啡又分为商业级咖啡和非商业级两个等级。

（1）商业级咖啡。商业级咖啡分为G1、G2、G3、G4、G5五个等级，从咖啡生豆物理特征和咖啡杯测品质两个维度进行评价。水洗处理方式和日晒处理方式评分占比不同。

水洗处理方式的评分标准是物理特征占40%（其中缺陷数占20%，外观尺寸占10%，颜色占5%，气味占5%）和杯测品质占60%（其中干净度占15%，酸质占15%，口感占15%，风味特征占15%）。日晒处理方式的评分标准是物理特征占40%（缺陷数占30%，气味占10%）和杯测品质占60%（其中干净度占15%，酸质占15%，口感占15%，风味特征占15%）。

以物理特征分数和咖啡杯测分数的总和定等级，G1等级：评分≥85分；G2等级：75~84分；G3等级：63~75分；G4等级：47~62分；G5等级：31~46分。分数越高，说明咖啡品质越好。

生豆物理特征等级的分级方式主要以300 g咖啡生豆中含瑕疵豆的数量来给咖啡生豆分级，由优到次，依次为G1、G2、G3、G4、G5。300 g咖啡生豆样品中的G1至G5的瑕疵豆数量依次是0~3颗、4~12颗、13~25颗、26~45颗、46~90颗。

（2）精品级咖啡。精品级咖啡分为Q1和Q2两个等级，从商业级中选出G1和G2两个等级按照SCA标准进行再次杯测，评分≥85分为Q1级，评分在80~84.75为Q2等级。

4. 肯尼亚咖啡生豆分级方法

肯尼亚咖啡生豆有严格的分级制度，按粒径大小、硬度和形状外观标准，分为七个等级，分别是 E 级、AA 级、PB 级、AB 级、C 级、TT 级和 T 级。

（1）E 级。E 级颗粒大小在 18 目以上，也称为"象豆"，但这里并非指品种中所说的象豆种，而是咖啡种子在生长过程中发生自然变异所致，产量比较少。

（2）AA 级。AA 级颗粒大小为 17～18 目，这个等级的咖啡性价比较高。

（3）AB 级。AB 级颗粒大小为 15～16 目，这个等级的咖啡产量最大，也是比较普遍的生豆等级。

（4）PB 级。PB 级称为圆豆，颗粒大小在 15 目以上，是一颗果实中只有一粒椭圆形形状的种子。

（5）C 级。C 级颗粒大小为 12～14 目，是小颗粒的咖啡豆。

（6）TT 级。TT 级表示豆软，是从 AA 级和 AB 级中经过气流分选机筛选出的轻豆，硬度不合标准，通常是有缺损的咖啡豆。

（7）T 级。T 级颗粒大小在 12 目以下，是一些直径在 4.8 mm 以下的碎屑和瑕疵豆。

5. 哥伦比亚咖啡生豆分级方法

哥伦比亚咖啡生豆主要是根据生豆粒径大小分级，不同级别的咖啡生豆具有不同的特点和适用范围。大颗粒的咖啡生豆价格会更高，在烘焙过程中展现的风味更好，易与其他咖啡生产国的咖啡豆进行拼配，但是单凭生豆大小区别，并不能决定其质量差别。哥伦比亚咖啡生豆按颗粒大小分级表见表 10-1-10。

表 10-1-10　哥伦比亚咖啡生豆按颗粒大小分级

等级	咖啡生豆颗粒大小
Supremo Screen 18+	18 目以上
Supremo	17 目以上，允许不超过 5% 的生豆在 14～17 目范围内
Excelso Extra	16 目，允许不超过 5% 的生豆在 14～16 目范围内
Excelso EP	14～16 目，允许不超过 10% 的生豆在 14～15 目范围内
Usual Good Quality	14 目，允许不超过 1.5% 的生豆在 12～14 目范围内

二、SCA 精品咖啡生豆分级方法

随机抽样 350 g 咖啡生豆样品进行评价，达到精品级咖啡豆的标准为：无一级瑕疵，少于等于 5 个二级瑕疵。生豆评价系统中共有 16 种瑕疵豆，其中 6 种为一级瑕疵，10 种为二级瑕疵。一级瑕疵豆标准见表 10-1-11，二级瑕疵豆标准见表10-1-12。

表10-1-11 一级瑕疵豆标准

瑕疵豆种类	计数
全黑豆	1颗明显的全黑豆＝1个完整瑕疵
全酸豆	1颗全酸豆＝1个完整瑕疵
霉菌豆	1颗霉菌豆＝1个完整瑕疵
异物	1个异物＝1个完整瑕疵
干果/干豆荚	1个干果或干豆荚＝1个完整瑕疵
严重虫蛀豆	3个或更多穿孔，5颗严重虫蛀豆＝1个完整瑕疵

表10-1-12 二级瑕疵豆标准

瑕疵豆种类	计数
局部黑豆	1颗豆中一半以下颜色为黑色，3颗局部黑豆＝1个完整瑕疵
局部酸豆	1颗豆中一半以下是酸豆，3颗局部酸豆＝1个完整瑕疵
轻微虫蛀豆	少于3个穿孔，10颗轻微虫蛀豆＝1个完整瑕疵
未熟豆	5颗未熟豆＝1个完整瑕疵
死豆	5颗死豆＝1个完整瑕疵
漂浮豆	5颗漂浮豆＝1个完整瑕疵
贝壳豆	5颗贝壳豆＝1个完整瑕疵
带壳豆	5颗带壳豆＝1个完整瑕疵
果壳/果皮	5个果壳/果皮＝1个完整瑕疵
破损（裂、断）豆	5颗破损豆＝1个完整瑕疵

要达到精品咖啡，必须满足以下三个条件：第一，在视觉评价中，350 g生豆样品中，一级瑕疵为0，二级瑕疵小于等于5；第二，烘焙后，100 g熟豆样品中未熟豆个数为零；第三，杯测总分扣除瑕疵分数后，最终评分达到80分以上。

一、操作准备

1. 设备与器具

（1）设备。咖啡研磨机1台、咖啡生豆水分测试仪（见图10-1-1）1台、计时器 1 个。

图 10-1-1 咖啡生豆水分测试仪

（2）器具。取样器、咖啡生豆分选盘（见图 10-1-2）1 个、圆孔分级筛（见图 10-1-3）1 个、烧水壶 1 个。

（3）杯具。杯测碗 3 个、水杯 3 个。

（4）称量工具。电子秤 1 台。

2. 物料

咖啡生豆、咖啡熟豆。（按相应检测标准要求准备。）

3. 清洁工具

研磨机清洁刷 1 把。

图 10-1-2 咖啡生豆分选盘

图 10-1-3 圆孔分级筛

二、操作步骤

以云南精品咖啡生豆分级为例进行说明。

1. 取样

用取样器在包装麻袋的上、中、下部位均匀抽取基样，按照 NY/T 1518—2007《袋装生咖啡 取样》随机抽取样本三份，每份 300 g。

2. 样本分析

（1）感官特性检测。一是观察豆粒大小和饱满程度；二是观察豆粒颜色；三是闻生豆气味。主要是初步判断生豆外观和气味是否正常。

（2）水分检测。在抽取的基样中用校准后的水分测试仪测定生豆含水量，含水量为 10%~12% 较好。

（3）粒径检测。在混合基样中抽取 300 g 过圆孔分级筛，分级筛应按孔径从大到小依次叠放，根据号数分类有 12~18 号筛网，将分选盘放在最小的筛网下。用手轻轻对角式搅拌咖啡，同时边搅边轻轻抖动筛网。计算各筛号的比例。

（4）瑕疵分拣。在混合基样中，抽取 300 g 生豆进行瑕疵分拣计算。

（5）杯品分析。按照云南省地方标准 DB53/T 149.6—2023《小粒种咖啡 第 6 部分：杯品》分析。

3. 填写检测记录表

根据以上检测内容数据填写相应的生豆检测记录表（见表 10-1-13），分析表中数据，对照表 10-1-3 和表 10-1-4 核对确认等级。

表 10-1-13　精品咖啡生豆检测记录表

样品名称		样品编号		
种植基地		生产日期		
样品信息	处理方法	海拔		品种
样品重量（g）				
感官特性描述				
粒径分级				
水分含量				
总缺陷数				
严重缺陷数				
一般缺陷				
外来杂质				
杯测分数				
测试人/日期		审核人/日期		
等级				

三、注意事项

在实际检测中,根据实际需要参考不同的标准进行分级。

任务 2　咖啡生豆瑕疵外观识别

一、咖啡瑕疵豆形成的原因

1. 生长环境

咖啡豆在生长过程中可能受到各种环境因素的影响,如病虫害、干旱、水浸、营养不良等,这些因素都可能导致咖啡豆产生瑕疵。

2. 采摘方式

咖啡豆的采摘方式也会影响其品质。如果采摘时使用不当的工具或采摘方式,就可能导致咖啡豆破裂、变形或受到损伤。

3. 加工过程

咖啡豆的加工过程也可能导致瑕疵豆的产生。如果加工过程中温度、湿度或时间控制不当,就可能导致咖啡豆烤焦、发霉或变质。

4. 运输和储存

咖啡豆在运输和储存过程中也可能受到影响。如果咖啡豆受到挤压、碰撞或潮湿,就可能导致咖啡豆变形、破裂或发霉。

二、咖啡生豆瑕疵特征

1. 云南咖啡生豆外来杂质和缺陷豆特征

云南省地方标准 DB53/T 149.5—2023《小粒种咖啡　第 5 部分:缺陷豆和外来杂质的检验与测定》中给出了咖啡生豆外来杂质和缺陷豆特征,见表 10-1-14。

表 10-1-14　云南咖啡生豆外来杂质和缺陷豆特征

名称	外来杂质与各类缺陷豆的特征
1. 外来杂质(非咖啡的缺陷)	
1.1 石子	一批量咖啡中发现的石子

续表

名称	外来杂质与各类缺陷豆的特征
1.2 枝条	一批量咖啡中发现的植物枝条
1.3 土块	泥土粒块
1.4 金属物	如在干燥场地或经老化的工业设备干燥后，发现的金属物
1.5 其他杂质	如塑料颗粒、包装袋碎片、绳线等杂质
2. 非豆物质的缺陷	
2.1 带种皮咖啡豆	整粒或部分带种皮的咖啡豆
2.2 种皮碎片	干种皮的碎片
2.3 干果	咖啡树上干豆荚，裹着一个或更多的豆
2.4 果壳碎片	咖啡鲜果的外果皮碎片，包括大、中、小碎片
3. 不完整豆	
3.1 畸形豆	可明显分辨不正常外形的咖啡豆。有贝壳豆、耳形豆、大象豆等
3.2 咖啡豆碎粒	体积小于一半的碎豆
3.3 碎豆	体积大于或等于一半的碎豆
3.4 轻微虫蛀豆	豆体外表或内部有虫害，虫洞少于3个的咖啡豆
3.5 严重虫蛀豆	豆体外表或内部有虫害，虫洞等于或大于3个的咖啡豆
3.6 有虫咖啡豆	藏有一个以上虫子的咖啡豆
3.7 机损豆	湿法加工脱壳、脱皮时割伤或擦伤的咖啡豆，常带有褐色或黑色的伤痕
4. 外观不正常豆	
4.1 黑咖啡豆和半黑豆	内部有一半及以上或全部变黑的咖啡豆
4.2 黑生豆	表面起皱的深绿或变黑的未成熟豆
4.3 棕咖啡豆	呈现以下各种颜色的咖啡豆：浅棕红、棕黑、黄绿到深红棕、深棕
4.4 琥珀豆	黄色半透明的咖啡豆
4.5 未成熟豆	未成熟的咖啡生豆，表面往往起皱，呈现绿色或银色
4.6 蜡质豆	蜡状咖啡豆，颜色从黄绿到深红棕，后者更典型，表面和内部呈现衰败迹象
4.7 斑痕豆	呈现不规则绿色、白色或有时呈黄色斑点的咖啡豆

续表

名称	外来杂质与各类缺陷豆的特征
4.8 干瘪豆	轻而且起皱的咖啡豆
4.9 海绵豆	坚实度与软木塞相似（可以用指甲将其组织压下成凹痕），通常捎带白色
4.10 白咖啡豆	表面呈白色的咖啡豆
5. 变味豆	
5.1 臭咖啡豆	形状正常，但杯品却验出非常不愉快风味（如发酵味、发酸味、恶臭味或烂鱼味）的豆子
5.2 霉豆及其他异味豆	霉味、泥味、木味、酚味或如麻袋味的豆子

注：1. 棕咖啡豆焙炒和泡煮时会产生不愉快的酸味。
2. 棕咖啡豆不能与轻刮表皮里面呈正常的绿色、杯品没有异味的银皮豆相混淆。
3. 臭咖啡豆一切开或刮破就发出非常不愉快的气味。

2. 精品咖啡瑕疵类型及特征

云南国际咖啡交易中心发布的咖啡生豆瑕疵对照表图是当前国内咖啡生豆分级和评判咖啡生豆瑕疵的标准之一，如图 10-1-4 所示。咖啡生豆瑕疵分为一级瑕疵和二级瑕疵。

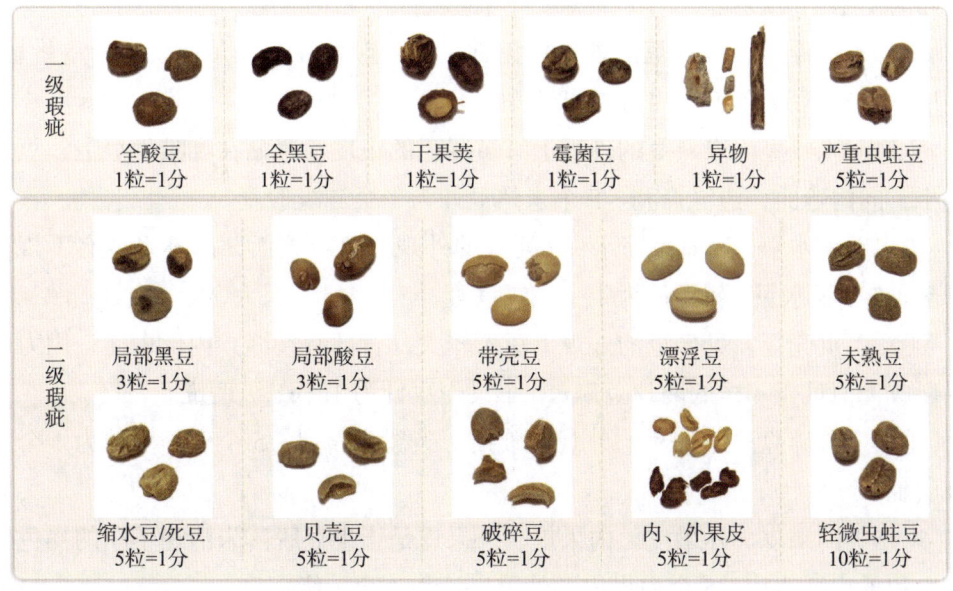

图 10-1-4　云南国际咖啡交易中心发布的咖啡生豆瑕疵对照表图

（1）全黑豆。全黑豆的外观通体颜色呈黑色或深褐色。1个全黑豆计为

1个一级瑕疵。

（2）全酸豆。全酸豆的外观通体颜色为淡黄褐色或红褐色，胚乳点呈褐色、深褐色或黑色。1个全酸豆计为1个一级瑕疵。

（3）干果荚。干果荚的外观带有整颗咖啡果荚或部分果荚，生豆没有剥离果荚。1个干果荚计为1个一级瑕疵。

（4）霉菌豆。霉菌豆的外观颜色类似酸豆，呈黄色或红褐色，霉豆上通常出现一个带有白色粉末的小凹斑，这些粉末是霉菌孢子。1个霉菌豆计为1个一级瑕疵。

（5）异物。异物是生豆之外的其他外来物，如树枝、石子、机械残片等。1个外来物计为1个一级瑕疵。

（6）严重虫蛀豆。虫蛀豆的外观上有小孔洞（直径为0.3~1.5 mm），严重虫洞是指有几个小洞连成一片，虫蛀区域被氧化或感染霉菌。豆粒上有3个及以上虫洞属严重虫蛀豆，5个严重虫蛀豆计为1个一级瑕疵。

（7）局部黑豆。局部黑豆的外观豆粒局部颜色呈黑色或深褐色。3个局部黑豆计为1个二级瑕疵。

（8）局部酸豆。局部酸豆的外观豆粒局部颜色呈淡黄褐色或红褐色，胚乳点呈褐色、深褐色或黑色。3个局部酸豆计为1个二级瑕疵。

（9）带壳豆。带壳豆是外观带有完整或不完整羊皮纸的咖啡豆。5个带壳豆计为1个二级瑕疵。

（10）漂浮豆。漂浮豆的外观比正常生豆的颜色浅，偏黄或偏白，重量轻，质地软。5个漂浮豆计为1个二级瑕疵。

（11）未熟豆。未熟豆的外观上有黄绿色的银皮，紧贴在咖啡生豆上，豆形偏小，向内弯曲，边缘锋利。5个未熟豆计为1个二级瑕疵。

（12）缩水豆/死豆。缩水豆/死豆的外观上豆粒表面凹凸不平或有不规则褶皱。5个缩水豆/死豆计为1个二级瑕疵。

（13）贝壳豆。贝壳豆的外观上豆形较大，背部有裂缝，内部中空，用力可以掰成类似贝壳一样的两片豆瓣。5个贝壳豆计为1个二级瑕疵。

（14）破碎豆。破碎豆的外观有破损、破裂或断裂。5个破碎豆计为1个二级瑕疵。

（15）内果皮、外果皮。内果皮、外果皮是指生豆脱落未清理干净的褐色外果皮和羊皮纸残片。5个内果皮、外果皮计为1个二级瑕疵。

（16）轻微虫蛀豆。外观上有小孔洞（直径为0.3~1.5 mm），豆体上少于3个虫洞属轻微虫蛀豆。10个轻微虫蛀豆计为1个二级瑕疵。

一、操作准备

1. 设备与器具

（1）器具。咖啡生豆瑕疵对照表 1 张、咖啡生豆分选盘 1 个。

（2）称量工具。电子秤 1 台。

2. 物料

咖啡生豆 300 g。

3. 清洁工具

研磨机清洁刷 1 把。

二、操作步骤

1. 称量咖啡豆

称取所需咖啡生豆 300 g。

2. 分选识别

将所称量咖啡生豆散置于分选盘均匀摊开，如图 10-1-5 所示。使用双手的食指与中指将豆子均匀地拨开为五部分，如图 10-1-6 所示。集中精力仔细观察，对照咖啡生豆瑕疵分级表上的图片进行识别，如图 10-1-7 所示。

图 10-1-5　摊平咖啡生豆

图 10-1-6　拨开咖啡生豆

图 10-1-7　对照图片识别瑕疵豆

三、注意事项

在进行识别之前应充分了解瑕疵豆的种类，仔细观察辨别各类瑕疵豆。

任务 3　咖啡瑕疵豆风味识别

一、咖啡瑕疵豆的危害

1. 异物瑕疵对咖啡加工设备的损伤

咖啡豆中若有木头、石子、木棍等非咖啡类杂质时，对咖啡脱壳处理设备、咖啡烘焙机、咖啡研磨机等均会造成不同程度破坏，影响使用寿命。

2. 瑕疵豆会影响咖啡的品质和价格

咖啡豆中混有瑕疵豆时，整体看起来颜色不均匀，颗粒大小不一，品相差，商业售价低。瑕疵豆会对咖啡风味造成不同程度的负面影响，如会伴有草本味、谷物味、木质味等不愉悦的风味，甚至会有碘味、霉味等异味，产生这些异味的化合物会对人体健康有害。另外，瑕疵豆的含水量、密度与正常咖啡豆相比有差异，在同样的烘焙条件下，烘焙质量差异会比较大，例如未熟豆的焦糖化反应程度低，呈浅褐色；贝壳豆容易被烤焦。

二、常见咖啡瑕疵豆的风味特征

1. 黑豆

黑豆呈杯风味会有不愉悦的酸臭味、霉味、酚味等。黑豆形成的原因是咖啡鲜果过度发酵产生色素。

2. 酸豆

酸豆呈杯风味会有过度发酵的尖酸、醋酸味。酸豆形成的原因主要是加工处理过程中过度发酵，如采摘过度成熟或已落下的果实，处理时水被污染。

3. 干果/干豆荚

干果/干豆荚呈杯风味会有发酵、霉味、酚味等异味。干果/干豆荚形成的原因通常是不恰当的咖啡处理方法，使得干果肉包裹住全部或部分的咖啡生豆。

4. 霉菌豆

霉菌豆呈杯风味会有霉味、杂土味、酚味等。当咖啡豆处于适宜真菌生长的湿度和温度时，较容易产生霉菌豆。

5. 异物

异物主要是对设备会有影响，会在整个生产过程中产生。采摘时注意树枝和叶子，在晒场晾晒时注意石头、木屑、钉子等其他物质。

6. 虫蛀豆

虫蛀豆杯测有发酵、霉味、酚味、化学味等。咖啡浆果蛀虫（咖啡果小蠹）会在咖啡鲜果和树中啄洞，在软的种子中挖掘通道并产卵。严重虫蛀豆是受到虫害影响较大的豆子。

7. 带壳豆

带壳豆对于咖啡香气和味道影响不大，但在咖啡烘焙时，羊皮纸的存在使得带壳豆会更容易焦掉，因此可能会出现焦煳的苦味。

8. 漂浮豆

漂浮豆会有谷物、草本气味。漂浮豆形成的原因是不恰当的存储和干燥，通常是由于带壳豆遗留在干燥机的角落或晒场上而产生。在咖啡烘焙时，漂浮豆是导致奎克豆产生的原因之一。

9. 未熟豆

未熟豆杯测有不愉悦的酸涩、青草味、金属味和土味等。未熟豆来自未完全成熟的咖啡豆，咖啡豆中的风味物质并未得到很好的发展，咖啡豆中的绿原酸含量较高。

10. 缩水豆/死豆

缩水豆/死豆杯测有不愉悦的酸味、草本味和泥土味等，是由于各种各样的原因导致咖啡豆的养分和水分不足。

11. 贝壳豆

贝壳豆杯测有木质味、植物根茎的味道。贝壳豆是由于咖啡遗传导致的，但在深度烘焙时，可能表现出较弱的香气，伴随有一定的焦糊味。

12. 破碎豆

破碎豆呈杯会有木质味、焦苦味。破碎豆通常是在去除果肉过程中或脱壳处理时由于机器压力造成的。

13. 果壳

由于加工处理等不恰当的过程，导致果壳残留在咖啡生豆中。进行烘焙时，果壳会受热燃烧，通常不会存留在最终的咖啡中，因此并无明显的异味。

任务实施

一、操作准备

1. 设备与器具

（1）设备。咖啡研磨机 1 台。

（2）器具。记录表 1 本、笔 1 支、计时器 1 个、烧水壶 1 个。

（3）杯具。咖啡杯测碗（200 mL）4 个、杯测勺 2 把、水杯若干。

（4）称量工具。电子秤 1 台。

2. 物料

含有霉菌豆、全黑豆、全酸豆的咖啡熟豆样品各 20 g，干净无瑕疵豆的对照样品 20 g，这些样品来自同一个产地、同一种处理方式和同一个产季，采用相同烘焙度（中度烘焙）。

3. 清洁工具

口布 1 块、清洁布 2 块、湿毛巾 1 块、研磨机清洁刷 1 把。

二、操作步骤

1. 称量咖啡豆

分别在四个咖啡杯测碗上标注霉菌豆样、全黑豆样、全酸豆样和对照样，并将四种咖啡豆各称量 11 g 放入对应标注的咖啡杯测碗。

2. 研磨咖啡豆

采用中度研磨，完成四种咖啡样品的研磨。

3. 嗅闻干香

俯身将鼻子靠近咖啡杯测碗，仔细感知辨认是否有对应的瑕疵气味，与对照组的咖啡干香进行比较分析，并记录。

4. 注水浸泡

按下计时器，在研磨好的 11 g 咖啡粉里注入 90～94 ℃的热水 200 g，每一杯咖啡粉都一次性完成注水，接着俯身使鼻子靠近咖啡杯测碗嗅闻湿香，与对照组的咖啡湿香进行比较分析，并记录。

5. 破渣和捞渣

浸泡 4 min 后用杯测勺轻轻拨开浮于杯子上层的咖啡粉渣，同时俯身使鼻子靠近咖啡杯测碗嗅闻捕捉破开咖啡粉渣时的气味，再用两把杯测勺把表面的咖啡粉渣捞出来，使得表面浮沫全部清除。

6. 品尝与记录

待温度为 65 ℃左右时，用杯测勺逐一进行啜吸品尝，仔细区别辨认对应瑕疵豆的滋味，与对照组咖啡豆的滋味进行比较分析，并进行记录。区分各种类型咖啡瑕疵豆的特点。

三、注意事项

1. 为了能更细致地识别记忆各种瑕疵风味，每次测试的样品建议为 3～4 个，分多次进行。

2. 在品尝不同类型咖啡样品时，每品尝一种样品后用纯净水清洁口腔，再去品尝下一种样品，避免样品间风味的彼此干扰。品尝带有瑕疵风味的咖啡时，尽量使用吐杯吐掉咖啡液。

课程 2　咖啡熟豆辨别与储存

咖啡豆烘焙度是指咖啡豆在烘焙过程中所达到的烘焙程度。咖啡豆烘焙度会影响咖啡的口感、风味和香气，因此，选择合适的烘焙度是制作美味咖啡的重要因素之一。

任务 1　咖啡烘焙度辨别及萃取指导

不同的烘焙度会对咖啡的风味和香气产生不同的影响。浅度烘焙咖啡豆的

烘焙时间较短，表面呈浅褐色，口感和风味较为清淡，带有一定的酸度和水果香气。中度烘焙咖啡豆的表面呈中度褐色，口感和风味较为均衡，酸度和苦味适中，带有一定的焦糖和巧克力香气。深度烘焙咖啡豆的烘焙时间较长，表面呈深褐色，口感和风味较为浓郁，苦味较重，带有一定的焦糖和巧克力香气。

不同烘焙度咖啡的萃取方法和技巧如下。

一、浅度烘焙咖啡豆

浅度烘焙咖啡豆通常具有较高的酸度和水果香气，酸度较强，苦度弱，醇厚度较低，产区风味较明显，适合用来做单品咖啡，适用较高水温、更细研磨度和较长时间萃取，以提高萃取率和口感的清晰度。可选用手冲、聪明杯或虹吸壶的器具进行制作。

二、中度烘焙咖啡豆

中度烘焙咖啡豆通常具有较为均衡的口感和风味。适用90 ℃左右的热水进行萃取，平衡其酸度和苦味。适用中等温水、中度研磨度和中长时间进行萃取，以平衡萃取效率和口感的丰富度。这个烘焙度的咖啡，可选用的器具类型比较广，通过调整参数就容易制作出风味不错的咖啡，手冲壶、虹吸壶都可以使用。

三、深度烘焙咖啡豆

深度烘焙咖啡豆通常具有浓郁的香料和巧克力气味，苦味强，酸度弱，口感厚重，更适合做意式咖啡。适合用半自动咖啡机、全自动咖啡机、摩卡壶等设备和器具进行制作。如果使用手冲壶和聪明杯等器具制作，就适用较低水温、较粗研磨度和较短的时间进行萃取。

一、操作准备

1. 设备与器具

（1）设备。咖啡研磨机1台。

（2）器具。手冲壶1把、分享壶1个、电控手冲壶1把、咖啡量勺1把、V60滤杯1个、V60滤纸1张、粉杯1个、咖啡浓度测试仪1台、咖啡粉碗1只、纸巾若干、酒精若干、棉签若干。（可根据具体情况调整。）

（3）杯具。咖啡杯 1 个、咖啡杯碟 1 个、咖啡勺 1 把。

（4）称量工具。电子秤 1 台。

2. 物料

浅度烘焙、中度烘焙、深度烘焙的咖啡豆各 30 g。

3. 清洁工具

清洁布 2 块。

4. 冲煮方案设计

以用手冲壶冲煮 260 g 咖啡液，采用 V60 滤杯、02 号滤纸为例。

（1）浅度烘焙。咖啡粉：20 g；粉水比：1∶15；水量：300 g；萃取水温：92 ℃；萃取时间：150 s；研磨度：细度研磨（刻度 2）。

（2）中度烘焙。咖啡粉：20 g；粉水比：1∶15；水量：300 g；萃取水温：89 ℃；萃取时间：120 s；研磨度：中度研磨（刻度 3）。

（3）深度烘焙。咖啡粉：20 g；粉水比：1∶15；水量：300 g；萃取水温：86 ℃；萃取时间：90 s；研磨度：粗度研磨（刻度 4）。

二、操作步骤

1. 冲煮三种烘焙度的咖啡

冲煮步骤以浅度烘焙咖啡为例。

（1）研磨咖啡豆

1）清洁研磨机。用少量的咖啡豆（3~5 g）预研磨，清洁研磨机，调整研磨机刻度为 2。

2）研磨咖啡豆。使用电子秤准确称取 20 g 浅度烘焙咖啡熟豆进行研磨，研磨结束立即用清洁刷清洁附着在研磨机上及洒落的银皮和细粉等。

（2）折叠滤纸。将滤纸沿着折线部分折叠、压紧。

（3）润洗滤纸。将滤纸放入滤杯，用热水润洗滤纸 2~3 次，整片滤纸需要被润湿，让滤纸贴在滤杯上，同时确保滤杯被温热，在 120 s 以内开始萃取，以免滤杯降温。

（4）萃取

1）将研磨好的咖啡粉倒入放有滤纸的滤杯中，并轻轻敲平整。

2）用 92 ℃热水均匀地冲泡咖啡粉进行焖蒸，水量为 40 g，时间为 30 s。再分两段注水冲煮，采用顺时针绕圈细水流注水，第一段注水量至 200 g，自然滴滤，90 s 时进行第二段注水，顺时针绕圈流注，水量至 300 g，150 s 时终止萃取，完成冲泡。

3）咖啡液量为 260 g 左右。

以相同的步骤按照中度烘焙和深度烘焙咖啡的冲煮方案进行冲煮。

2. 咖啡浓度分析

使用咖啡浓度测试仪测试三种咖啡样品的浓度。

3. 品尝分析

从湿香、酸度、风味、醇厚度、余韵和平衡感等指标分析三种咖啡样品的冲煮风味。若浓度适宜，风味都比较好，这个冲煮参数就可以作为以后使用的参数；若风味和浓度不适宜，先进行参数调整，再进行萃取实验。

三、注意事项

每次萃取结束，记录调整后的冲煮方案和结果，并与他人分享，以快速提高不同烘焙度咖啡的萃取技巧，积累经验。

任务 2　三种处理方式咖啡熟豆辨别与萃取指导

一、不同处理方式咖啡豆的风味

不同处理方式咖啡豆的风味差别比较大。水洗处理咖啡豆的酸质明亮，余韵干净；蜜处理咖啡豆一般具有果脯风味或水果风味，甜度较高，但根据发酵程度和保留果胶程度的不同，在风味上会从两端分别接近水洗处理咖啡豆和日晒处理咖啡豆；日晒处理咖啡豆香气浓郁，一般容易具有热带水果风味，醇厚度较高，甜度较高，有发酵味。

二、不同处理方式咖啡豆萃取分析

在冲煮萃取时，咖啡研磨度、萃取水温和萃取时间是影响咖啡萃取率的主要因素，是做萃取参数设计时必须考虑的因素。

日晒处理咖啡豆适合粗一些的研磨刻度。水洗处理咖啡豆萃取更慢，适合细一些的研磨刻度。在固定的粉水比例条件下，萃取时间越长，萃取率越高；反之，萃取时间越短，萃取率越低。萃取时间的长短，应与咖啡豆纤维质组织的紧实度成反比，结构紧实难以萃取的咖啡，萃取时间需要稍延长一些；反之亦然。

偏高温萃取能增加醇厚度和香气，但也容易过度萃取，所以不利于咖啡细胞结构疏松的中深度烘焙的日晒处理咖啡豆，比较适合结构紧实的水洗处理咖啡豆。萃取温度超过 94 ℃，会溶解出更多高酸苦物。偏低温萃取，会抑制香气物质与焦苦味物质的析出，较适合日晒处理咖啡豆。但低温会萃取出容易溶解的低酸物质，甜香味物质难以充分萃取，会使风味单一不均衡，所以不适合浅度烘焙的水洗处理咖啡豆。

1. 水洗处理咖啡豆

水洗处理的咖啡豆通常具有明亮的酸度和清晰的口感，因此适用较高水温和较浅烘焙度，以保留其风味和香气。建议选用较高温水和中细度研磨，以提高萃取效率和口感的清晰度。

2. 蜜处理咖啡豆

蜜处理的咖啡豆通常具有介于水洗处理咖啡豆和日晒处理咖啡豆之间的风味特征，因此适合采用中度烘焙度，以平衡其酸度和苦味。建议选用中高水温和中度研磨。

3. 日晒处理咖啡豆

日晒处理咖啡豆香气浓郁、风味丰富，因此适合采用中度烘焙度，以平衡其酸度和苦味。建议选用偏低水温和偏粗研磨度。

任务实施

一、操作准备

1. 设备与器具

（1）设备。咖啡研磨机 1 台。

（2）器具。手冲壶 1 把、分享壶 1 个、电控手冲壶 1 把、咖啡量勺 1 把、V60 滤杯 1 个、V60 滤纸 1 张、粉杯 1 个、咖啡浓度测试仪 1 台、咖啡粉碗 1 只、纸巾若干、酒精若干、棉签若干。（可根据具体情况调整。）

（3）杯具。咖啡杯 1 个、咖啡杯碟 1 个、咖啡勺 1 把。

（4）称量工具。电子秤 1 台。

2. 物料

水洗处理、蜜处理和日晒处理咖啡熟豆各 30 g。

3. 清洁工具

清洁布 2 块。

4. 冲煮方案设计

以用手冲壶冲煮 280 g 咖啡液，采用 V60 滤杯、02 号滤纸为例。

（1）水洗处理。中度烘焙；咖啡粉：20 g；粉水比：1∶15；水量：300 g；萃取水温：92 ℃；萃取时间：150 s；研磨度：细度研磨（刻度 2）。

（2）蜜处理。中度烘焙；咖啡粉：20 g；粉水比：1∶15；水量：300 g；萃取水温：90 ℃；萃取时间：90 s；研磨度：中度研磨（刻度 3）。

（3）日晒处理。中度烘焙；咖啡粉：20 g；粉水比：1∶15；水量：300 g；萃取水温：88 ℃；萃取时间：120 s；研磨度：粗度研磨（刻度 4）。

二、操作步骤

1. 冲煮三种处理方式的咖啡

冲煮步骤以水洗处理咖啡豆为例。

（1）研磨咖啡豆

1）清洁研磨机。用少量的咖啡豆（3~5 g）预研磨，清洁研磨机，调整研磨机刻度为 2。

2）研磨咖啡豆。使用电子秤准确称取 20 g 水洗处理咖啡豆进行研磨，研磨结束立即用清洁刷清洁附着在研磨机上及洒落的银皮和细粉等。

（2）折叠滤纸。将滤纸沿着折线部分折叠、压紧。

（3）润洗滤纸。将滤纸放入滤杯，用热水润洗滤纸 2~3 次，整片滤纸需要被润湿，让滤纸贴在滤杯上，同时确保滤杯被温热，在 120 s 以内开始萃取，以免滤杯降温。

（4）萃取

1）将研磨好的咖啡粉倒入放有滤纸的滤杯中，并轻轻敲平整。

2）用 92 ℃热水均匀地冲泡咖啡粉进行焖蒸，水量为 40 g，时间为 30 s。再分两段注水冲煮，采用顺时针绕圈细水流注水，第一段注水量至 200 g，自然滴滤，90 s 时进行第二段注水，顺时针绕圈流注，水量至 300 g，150 s 时终止萃取，完成冲泡。

3）咖啡液量为 280 g 左右。

以相同的步骤按照蜜处理和日晒处理咖啡豆的冲煮方案进行冲煮。

2. 咖啡浓度分析

使用咖啡浓度测试仪测试三种咖啡样品的浓度。

3. 品尝分析

从湿香、酸度、风味、醇厚度、余韵和平衡感等指标分析三种咖啡样品的冲煮风味。若浓度适宜，风味都比较好，这个冲煮参数就可以作为以后使用的参数；若风味和浓度不适宜，就进行参数调整，再进行萃取实验。

三、注意事项

影响咖啡萃取的因素比较多，没有固定不变的冲煮参数，需要结合萃取原理，充分熟悉器具与所冲煮咖啡的特性，进而设计出每种咖啡的适宜萃取参数。

任务3　咖啡熟豆包装与储存

咖啡熟豆包装与储存的目的是保鲜，通过控制储存条件，如温度、湿度、氧气含量等来减缓咖啡豆的氧化和变质过程，从而保持其新鲜度和风味。

一、咖啡熟豆的包装

选择具有良好密封性能的包装材料，如铝箔袋、真空包装等，以防止氧气进入包装，导致咖啡豆氧化变质。常见的熟豆包装方式有袋装、罐装、真空包装、盒装、桶装等。

1. 袋装

袋装是将烘焙好的咖啡熟豆装入带有单向排气阀的铝箔袋中。这种包装方式简单方便，适合家庭或个人使用。

2. 罐装

罐装是将咖啡熟豆装入金属罐或玻璃瓶中。这种包装方式可以更好地保护咖啡豆，避免氧化和受潮，但成本相对较高。

3. 真空包装

真空包装是将咖啡熟豆放入真空包装袋中，然后将空气抽出。这种包装方式可以最大限度地保持咖啡豆的新鲜度和风味。

4. 盒装

盒装是将咖啡熟豆装入纸盒中。这种包装方式通常用于商业用途，如咖啡店或餐厅等。

5. 桶装

桶装是将咖啡熟豆装入木桶中。这种包装方式通常用于大批量的咖啡豆储存和运输。

二、咖啡豆储存环境的要求

1. 控制环境温度

将咖啡熟豆储存在适宜的温度下，一般建议为 15~20 ℃。较低的温度可以减缓咖啡豆的化学反应和氧化速度，从而延长其保鲜期。

2. 控制环境湿度

将咖啡熟豆储存在相对湿度为 50%~60% 的环境中，避免湿度过高导致咖啡豆受潮变质。

3. 避免光照

将咖啡熟豆储存在阴凉、干燥、通风的地方，避免阳光直射。阳光中的紫外线会加速咖啡熟豆的氧化过程。

4. 避免异味

将咖啡熟豆储存在没有异味的地方，避免咖啡豆吸收周围的异味。

5. 定期检查

定期检查咖啡熟豆的状态，如有异味、变质等情况及时处理。

三、感官判断咖啡熟豆新鲜度的方法

1. 闻气味

新鲜的咖啡熟豆应该有浓郁的香气，没有异味或霉味。如果咖啡豆没有气味或者有异味，可能是因为咖啡豆已经变质或受潮。

2. 看外观

咖啡熟豆的外观应该饱满、光滑、有光泽。如果咖啡熟豆表面有裂纹或虫害，可能是因为咖啡豆不新鲜或者在储存过程中受到了损伤。

3. 摸手感

咖啡豆的手感应干燥、紧实。如果咖啡熟豆感觉潮湿或松软，可能是因为咖啡豆受潮或变质。

4. 尝风味

咖啡豆的口感应该是丰富、醇厚、有层次感的。如果咖啡熟豆口感单调或苦涩，可能是因为咖啡熟豆不新鲜或者烘焙不当。

5. 注意事项

感官判断咖啡熟豆的新鲜度需要一定的经验和技巧，因此，最好在购买咖啡熟豆时选择信誉度高的商家，并在购买后尽快使用。同时，储存咖啡熟豆时也需要注意控制储存条件，以保持咖啡熟豆的新鲜度和风味。

一、操作准备

1. 设备与器具
（1）设备。封口机 1 台。
（2）器具。咖啡包装袋（规格为 250 g）、标签若干。
（3）称量工具。电子秤 1 台。

2. 物料
新鲜咖啡熟豆 300 g。

二、操作步骤

1. 装袋
按照咖啡包装袋的规格，称量加入 250 g 咖啡熟豆，用封口机进行密封，确保容器密封良好。

2. 贴标签
在咖啡包装袋上贴上标签，填写咖啡豆的名称、烘焙日期和烘焙度等信息。

3. 储存
将密封好的咖啡存放在干燥、避光、通风良好的地方，远离高温和异味。

4. 检查
定期检查咖啡熟豆储存的状态，如有异味或发霉等异常情况，应及时处理。

三、注意事项

1. 检查储存环境是否符合要求，避免温度、湿度、光线等因素对咖啡风味产生影响。

2. 在储存咖啡豆时，详细记录每一批咖啡豆的信息，包括名称、烘焙日期、烘焙度等。